高等学校广义建筑学系列教材

图"行"天下

——图形创意的思维与方法

刘斯荣　黄　亮　刘雪琴　李道源　编著

WUHAN UNIVERSITY PRESS
武汉大学出版社

图书在版编目(CIP)数据

图"行"天下:图形创意的思维与方法/刘斯荣,黄亮,刘雪琴,李道源编著.—武汉:武汉大学出版社,2013.3
高等学校广义建筑学系列教材
 ISBN 978-7-307-10433-4

Ⅰ.图…　Ⅱ.①刘…　②黄…　③刘…　④李…　Ⅲ.建筑设计—高等学校—教材　Ⅳ.TU2

中国版本图书馆 CIP 数据核字(2013)第 022512 号

责任编辑:李汉保　　　责任校对:刘　欣　　　版式设计:马　佳

出版发行:**武汉大学出版社**　　(430072　武昌　珞珈山)
　　　　(电子邮件:cbs22@whu.edu.cn　网址:www.wdp.com.cn)
印刷:湖北恒泰印务有限公司
开本:787×1092　　1/16　　印张:8.25　　字数:192 千字
版次:2013 年 3 月第 1 版　　2013 年 3 月第 1 次印刷
ISBN 978-7-307-10433-4/TU·112　　　定价:48.00 元

高等学校广义建筑学系列教材

编 委 会

内容简介

图形是人类在长期生产、生活中创造出来的智慧结晶，是一种独特而鲜明的表现语言。现代生活中，许多图形从构成形式上看就是简单的点、线、面等基本元素，但这些元素经过艺术创造，从而变得富有质感、量感。然而事实上图形在特定思想意识支配下，经过艺术创意简洁而准确地传达人们在生活中需要的信息，具有深刻的寓意，体现出一种简约的形态美。

本书几易其稿，定下了现在的结构：第1章为图"行"天下·理论；第2章为异想天开·思维；第3章为想方设法·方法；第4章为游刃有余·课题；第5章为优秀作品欣赏。本书综合阐述了图形创意的基本理论，结合对现代图形创意的案例分析，着重于学生的创意思维发展和手绘表现形式，引导学生有意识地观察客观世界，加深对图形语言的认识，培养学生增强运用图形多元创意的能力、想像力以及创新设计能力。

本书可以作为高等学校艺术、建筑学、土木工程建筑等专业本科生的教材，也可以供高等学校教师、相关工程技术人员以及美术爱好者参考。

序

　　改革开放使中国经济迅速崛起，也引起了中国社会的一系列巨变。进入 21 世纪以来，随着经济快速发展、社会急剧转型，城市化的进展呈现出前所未有的速度和规模。与此同时产生的日趋严重的城市问题和环境问题困扰着国人，同时也激发国人愈来愈强烈的城市和环境意识，以及对城市发展和环境质量的关注。中国社会的一系列巨变也给建筑教育提出了新的课题。

　　由中国著名建筑学和城市规划学家、两院院士吴良镛先生提出并倡导的广义建筑学这一新的建筑观，成为当前乃至今后整个城市和建筑业发展的方向。广义建筑学，就是通过城市设计的核心作用，从观念和理论基础上把建筑学、景观学、城市规划学的要点整合为一，对建筑的本真进行综合性地追寻。并且，在现代社会发展中，随着规模和视野的日益扩大，随着建设周期的不断缩短，对建筑师视建筑、环境景观和城市规划为一体提出了更加切实的要求，也带来了更大的机遇。对城镇居民居住区来说，将规划建设、新建筑设计、景观设计、环境艺术设计、历史环境保护、一般建筑维修与改建、古旧建筑合理使用等，纳入一个动态的、生生不息的循环体系之中，是广义建筑学的重要使命。同时，多层次的技术构建以及技术与人文的结合是 21 世纪新建筑学的必然趋势。这一新的建筑观给传统的建筑学、城市规划学、景观学和环境艺术设计教育提出了新的课题，重新整合相关学科已经成为当务之急。

　　但是，广义建筑学可能被武断地称作广义的建筑学，犹如宏观经济学，广义建筑学也可能被认为是一种宏观层面的建筑学，是多种建筑学中的一种。这就与吴院士的初衷相背离了。基于这种考虑，我们提出了一种 Mega-architecture 的概念，这一概念的最初原意是元建筑学，也可以理解为大建筑学或超级建筑学，从汉语的语法习惯来看，应理解为"大建筑学"。一方面，Mega-architecture 继承了广义建筑学的全部内涵；另一方面 Mega-architecture 中包含有元建筑学的意思，亦即，强调作为建筑学的内在基本要素的构成性，正是这些要素，才从理论上把建筑学、城市规划学、景观学和环境艺术整合成一个跨学科的超级综合体。基于上述想法，我们提出了 Mega-architecture 的概念作为广义建筑学系列教材的指导原则。

　　本着上述指导思想，武汉大学出版社联合多所高校合作编写高等学校广义建筑学系列教材，为高等学校从事建筑学、城市规划学、景观学和环境艺术设计教学和科研的广大教师搭建一个交流的平台。通过该平台，联合编写广义建筑学系列教材，交流教学经验，研究教材选题，提高教材的编写质量和出版速度，以期打造出一套高质量的适合中国国情的高等学校本科广义建筑学教育的精品系列教材。

　　参加高等学校广义建筑学系列教材编委会的高校有：武汉大学、湖北工业大学、武汉理工大学、华中科技大学、北京工业大学、南京航空航天大学、南昌航空大学、汕头大学、南通大学、江汉大学、三峡大学、孝感学院、长江大学、昆明理工大学、江西理工大学、江西农业大学、江西蓝天学院等院校。

高等学校广义建筑学系列教材涵盖建筑学、城市规划、景观设计和环境艺术设计等教学领域。本系列教材的定位,编委会全体成员在充分讨论、商榷的基础上,一致认为在遵循高等学校广义建筑学人才培养规律,满足广义建筑学人才培养方案的前提下,突出以实用为主,切实达到培养和提高学生的实际工作能力的目标。本教材编委会明确了近30门专业主干课程作为今后一个时期的编撰、出版工作计划。我们深切期望这套系列教材能对我国广义建筑学的发展和人才培养有所贡献。

武汉大学出版社是中共中央宣传部与国家新闻出版署联合授予的全国优秀出版社之一,在国内有较高的知名度和社会影响力。武汉大学出版社愿尽其所能为国内高校的教学与科研服务。我们愿与各位朋友真诚合作,力争使该系列教材打造成为国内同类教材中的精品教材,为高等教育的发展贡献力量!

高等学校广义建筑学系列教材编委会

2011 年 2 月

前　言

　　图形是人类在长期生产、生活中创造出来的智慧结晶，是一种独特而鲜明的表现语言。广义上是指任何一种负载某一意向的视觉表达形式，而狭义上则是指具体的图形、色彩、质感、量感等因素以及这些因素之间的构成关系。

　　现代生活中，许多图形从构成形式上看就是简单的点、线、面等基本元素经过艺术创造而变得富有质感、量感，因为这时的图形已不是单纯的标识、符号，也不是以纯粹审美为目的的一种装饰，而是一种更有意味的艺术表达形式，图形在特定思想意识支配下，经过艺术创意简洁而准确地传达人们在生活中需要的信息，具有深刻的意义，体现出一种简约的形态美。

　　图形创意是设计者依据设计理念、设计风格，把一些与意向相关联的图形元素通过联想、比喻、借代等手法创作而成的图形形象。从美学的角度来说，这是一个"以意生象，以象生意"的过程，将普通的信息和抽象的概念转化成生动的视觉形象，即根据内容创造形态，通过形态传达内容。可见，图形创意的好坏直接影响图形设计作品的整体效果和内在张力。一幅优秀的图形设计作品会以其直观、简明、易懂、易记的视觉特征，准确、深刻的意义表达而更加容易被现代不同阶层、年龄、文化水平以及不同语言背景的人们所接受、理解。

　　图形设计在各类艺术学校的学习中属于专业基础课程，对于本课程以后的专业课学习有很强的指导意义。图形设计无论是具象的还是抽象的，都在传达着一定的信息和意义。例如 Logo 设计在瞬间的图像信息获得过程中，就能给人留下完整、深刻、强烈的生动形象，并且引入联想，产生形有尽而意无穷的艺术效果。优秀的图形设计作品都是以自己独特的图形语言准确、清晰地传达着设计者的主要思想和情感，同时以创造性的思维寻求图形的现代社会意义。

　　作者希望以文字加图片案例的方式，为各类艺术院校的艺术专业学生以及想要了解图形设计的人士提供最新的基础读物。本书从理论、思维、方法、设计课题四个方面，系统而完整地讲解了图形设计的基本概念、图形创意思维的概念形式、表现方法以及设计过程中的体会。本书几易其稿，最终定下了现在的结构：

　　第 1 章为图"行"天下·理论。主要通过讲述在我国传统文化中图形的设计原则和对影响当今图形设计风格的艺术大师的介绍，以及图形在各艺术设计学科中的基础地位，阐释了学习图形设计的重要性和必要性。通过对图形概念和特点的介绍，可以更加系统地了解和认识图形设计、作用和意义。

　　第 2 章为异想天开·思维。主要从图形创意思维基本的概念、图形创意思维的特征、图形创意思维的基础、图形创意思维的形式，详细而又系统地对图形创意思维进行了阐释。

第 3 章为想方设法 · 方法。围绕图形创意的 "方法" 问题进行阐述,从大量大师作品和优秀设计作品中总结出 "从具象引到抽象"、"二维走向三维"、"从加法做到减法" 三大类图形创意的方法,并具有针对性地设置了相应的图形训练环节。

第 4 章为游刃有余 · 课题。围绕 "设计课题" 进行演绎,通过设计过程、创意思路的展示,启发学生的图形创意思维。通过实实在在的案例来解析一幅设计作品中的图形是如何从思维到方法,从发散到收敛组合的过程。作者还借助多个国内外经典案例,总结出 "从具象引到抽象"、"二维走向三维"、"从加法做到减法" 三大类图形创意的方法,并围绕这些方法问题进行阐述,小至字体、标志、大至相关的网站和产品设计,一切设计都离不开这些基本概念。

第 5 章为优秀作品欣赏。通过呈现一些国内外优秀的图形设计作品以及部分优秀学生作品等,让读者能更好地认识和理解图形设计,同时也更直观地引领了图形设计的方向。作品欣赏是一种引导性的审美取向,有着一定的指引性。其次,优秀的图形设计作品还能将所接触过的知识和所观察的具体物象进行关联,达到图形设计应有的寓意效果。提到欣赏,建议大家还可以去关注被称为世界三大平面大师的日本的福田繁雄、德国的冈特 · 兰堡以及美国的西摩 · 切瓦斯特的相关作品;以及国内知名大师靳埭强和吕敬人的相关作品。

《图 "行" 天下》一书是从事图形创意设计课程教学多年的相关教师经过多次协商整合之后的成果。吸取了多年以来传统教学方法中的许多宝贵经验,注重从学生角度出发,以人为本,将学生看做有思想的艺术家,力图用开放、互动的教学方式,激活学生的新鲜感觉,激发学生的个性思维。同时本书重视图形设计教学理论的方法探索,使教与学在一种有意义的经历中完成。

此外,要特别感谢每一位为本书提出一些宝贵意见的相关同事、朋友以及为本书提供图片和优秀作品的相关同学!

作 者

2013 年 1 月 1 日

目　　录

第 1 章　图 "行" 天下·理论

【阅读导言】

1. 本章内容：本章主要通过讲述在我国传统文化中图形的设计原则和对影响当今图形设计风格的艺术大师的介绍，以及图形在各艺术设计学科中的基础地位，阐释了学习图形设计的重要性和必要性。通过对图形概念和特点的介绍，可以更加系统地了解和认识图形设计，作用和意义。

2. 学习要点：首先要理解图形设计的重要性，其次要掌握图形的概念和设计的特点。

3. 学习方法：通过图例分析去理解概念性的讲解。

§1.1　图 "行" 于传统之间

我国是古代四大文明古国之一，具有悠久的历史文明与文化形态，其中的传统美术也是博大精深，灿烂多元。我国勤劳、勇敢、智慧的劳动人民将 "美术" 与 "生活" 两者融合形成了中国的传统美术。中国的传统美术从人们的衣、食、住、行等生活的各个方面展示出来，这些美术作品反映了人们在当时社会背景与文化背景下的审美情怀。

作为 "美术" 之一的图形在历史长河中也扮演着重要的角色，从原始人类的原始图形到奴隶社会乃至封建社会，我国早期的图形都具有很强的思维性、意念性、理想性与智慧性，同时也随着社会的进步而不断地变化。其中包括民间百姓在生活的器物中绘制的图形，帝王贵戚所使用的祭祀用品上的图形以及中国传统道家所用的 "太极八卦" 图，等等。如图 1.1 所示。

追逐历史，我们学习的目的是，从目前所保留下的作品中发觉古人们在表现认识大自然、社会、生活方面独特的观察方法和思维方法，并从图形的创意方面给今天的人们带来一定的启迪。这些创意形式中主要是：1. 由表及里；2. 变换视角；3. 移花接木；4. 吉祥寓意，这几种方式。

（1）由表及里，俗话说 "画虎画皮难画骨"，中国传统图形在描绘的对象上有着成功的实践，创作者在进行对象的描绘时，往往不只是描绘眼睛所能看到的部分，还透过事物的表象深入其内部，将眼睛看不到的部分一起表现出来，在这个过程中需要描绘者借鉴平时的生活经验，将物象解剖出来后，再进行重新的构成，最终画面得到了新的表现与扩展。

在描绘单独对象的时候，图形的效果注重外轮廓的把握，通过采用剪影的手法将事物表达出来。除此以外，传统图形在创作中，还通过组合的方式将两个不同的对象加以结合以形成新的图形效果，反映当时人们的生活状态与精神情趣。如图 1.2 所示。

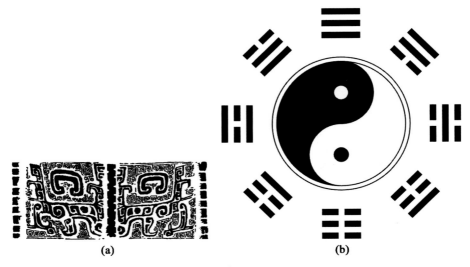

图 1.1

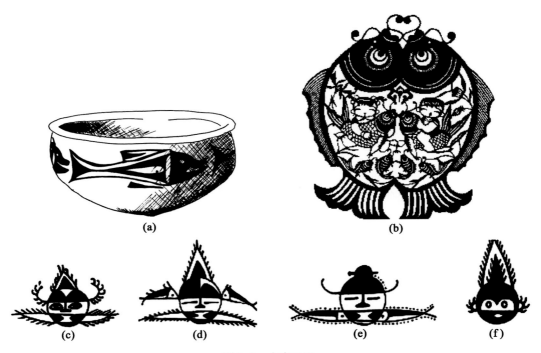

图 1.2　由表及里

（2）变换视角，中国的传统图形在创意的视点上也有丰富的探索，有时也使用了如同中国传统国画散点透视的原则，采用变换不同视角的方式，更加便于表现较大的生活场景。同时，创作者还不会拘泥于对同一类型场景的刻画，他们会将多种看似不相关的场景进行梳理后，再使用组合排列的方式将对象从纸面上扩展开，以得到更为广阔的空间。

如图 1.3 所示，嵌错采桑宴乐射猎攻战纹铜壶从上到下，共有 3 层 6 组图像。第一层右侧是一组采桑的画面，左侧是习射与狩猎的场面。第二层的右侧是猎射场景。左侧是个盛大的宴飨场景。第三层刻画了激烈的战斗场面。右边是水战，两条对攻的双层战船上飘扬着战旗，上层的兵士正在厮杀，手持有长兵器的或刺或钩，持短兵器的近体肉搏，表现战斗的激烈。左边是攻城战，图中的横线代表城墙，斜线代表云梯，表示战斗进入关键时刻。

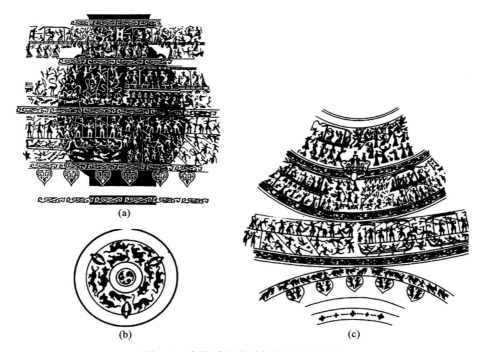

图 1.3 嵌错采桑宴乐射猎攻战纹铜壶

（3）移花接木，中国传统图形在创意的组合上也为今天的人们具有普遍的学习意义，其在创作的过程中常常将生活中常见的物象肢解，并结合当时的文化特色，发挥最大的想象，突破现实，创作出全新的形象。中国传统图形中所表现的内容，常常并非是生活中的对象，这些经常在图腾中表现出来，让人们最熟悉的莫过于"龙"的形象，龙是集狮头、鹿角、虾腿、鳄鱼嘴、乌龟颈、蛇身、鱼鳞、蜃腹、鱼脊、虎掌、鹰爪、金鱼尾于一身，通过多种动物的某一部分重构后形成的新的动物。比如"麒麟"也集龙头、鹿角、狮眼、虎背、熊腰、蛇鳞、马蹄、猪尾这些形象而成的。如图 1.4 所示。

（4）吉祥寓意，吉祥图形在中国古代十分常见，至明清时期最为流行，吉祥图形绝大部分反映了人们对于现实生活的热爱和追求幸福的美好祈求，具有浓厚的生活气息，其在创作过程中追求"图必有意、意必吉祥"的方式，这一点对于现在的图形而言具有普遍的借鉴意义，与图形中强调的"图形达意"不谋而合。如图 1.5 所示。

(a)

(b)

图 1.4 图腾

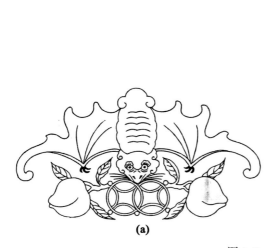

(a)

(b)

图 1.5

§1.2 图"行"于大师之间

艺术总是随着人类社会的进步不断前进，同时也发生着变化。随着世界第一次、第二次工业革命的发展，欧洲及美洲两个大陆迅速兴起，人们在观念、社会方面发生了重大的进步，随之带来的是人们的生活方式和艺术审美也发生了变化，在各种需求之下，图形奠定了现代设计的基础而得到迅速发展并广泛运用，开始出现在形形色色的设计之中，伴随着现代传播方式，图形信息也被快速推广形成空前的繁荣。

以下介绍几位具有代表性的世界知名设计大师，这里所选择的设计大师并不是最全面的，但其风格独特，且作品包含了标志设计、海报招贴设计等，希望读者能够透过这些大师们的成功之作"站在巨人的肩膀上"去思考问题，并体会图形在现代设计领域中新的运用，从大师们的作品之中找出他们是如何运用思维的创意形式与方法，为图形创意的扩展树立目标、打下基础。

保罗·兰德的设计风格不拘一格，富于变化，且具有强烈的现代感。其善于组合抽象的几何图形，并通过严谨的构图使得画面精练且趣味无穷。如图 1.6 所示。

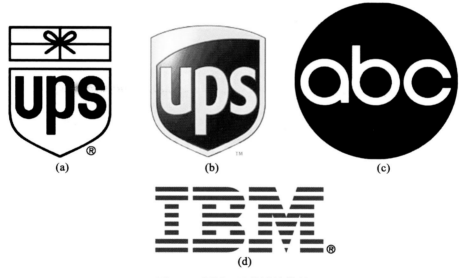

图 1.6 保罗·兰德设计作品

冈特·兰堡提倡功能主义，其作品的特征注重用视觉语言说话，强调视觉功能，善于用最简单的视觉语言表达最深刻的内涵。冈特·兰堡常常表示反对使用太多不同的工具，对于使用计算机，他同样持批评的态度，他认为艺术设计随着使用计算机而日趋衰退，当然他并不想废除使用计算机或否认计算机作为一种工具的用处。冈特·兰堡善于将现实中的物象加工之后，再通过摄影的方式将物象图形化，并且运用在最后的作品上。比较出名的是他的以土豆文化为代表的一系列作品。如图 1.7、图 1.8 所示。

毕加索（Pablo Picasso，1881—1973），是 20 世纪西方最具影响力的艺术家之一。他

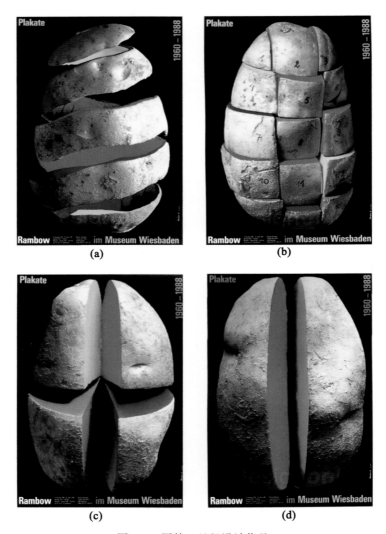

图 1.7 冈特·兰堡设计作品

一生留下了数量惊人的作品,风格丰富多变,充满非凡的创造性。毕加索善于连续的变换视角,将原有的物象打破后采用几何图形的方式重新加以组合。毕加索的作品——《亚维农的少女》(巨幅油画),不仅标志着毕加索个人艺术历程中的重大转折,而且也是西方现代艺术史上的一次革命性突破,该作品引发了立体主义运动的诞生,并彻底打破了自意大利文艺复兴之始的五百年来透视法则对画家的限制。如图 1.9 所示。

皮特·蒙德里安出生在荷兰的阿麦斯福特一个教会学校校长家庭,14 岁开始学画,20 岁成为当地的一位中学美术教师,开始从事学院派和写实主义创作,后又从印象派、象征派和后印象派中吸取养料。皮特·蒙德里安提倡新造型主义,善于通过这种抽象符号把丰富多彩的大自然简化成有一定关系的表现对象。

皮特·蒙德里安认为垂直线和平行线组成的几何形体是艺术形式最基本的要素,唯有

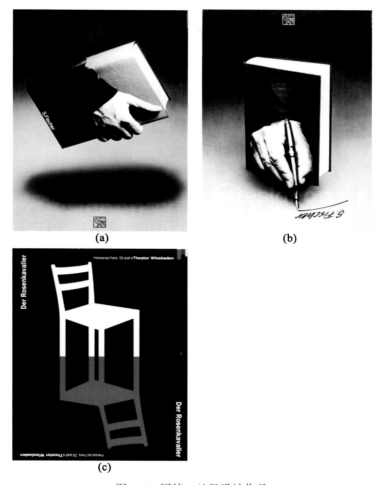

(a)　　　　　　　　　(b)

(c)

图 1.8　冈特·兰堡设计作品

几何形体才是最合适表现 "纯粹实在", 他希望用这些基本要素, 最纯粹的色彩, 创造出表里平衡、物质与精神平衡。如图 1.10 所示。

福田繁雄教授是世界三大平面设计师之一, 他的设计理念及设计作品享誉世界, 对 20 世纪后半叶的设计界产生了深远的影响, 在现行的每一本平面设计教材中几乎都能发现他的作品。由于他在设计理念及实践上的卓越成就, 福田繁雄教授被西方设计界誉为 "平面设计教父"。

福田繁雄植根于日本传统中, 融合现代感知心理学。作品大量的使用图形化, 同时善于使用视幻觉来创造一种怪异的情趣。如图 1.11、图 1.12 所示。

靳埭强 1967 年从事设计工作, 是享誉世界的设计大师, 更是中国顶级的平面设计专才, 其作品被德国、丹麦、法国、日本、中国香港等多个国家和地区的美术博物馆收藏。

靳埭强主张把中国传统文化的精髓, 融入西方现代设计的理念中去, 其作品亦是如此, 并善于用水墨来表达东方神韵美。如图 1.13、图 1.14 所示。

图 1.9   毕加索设计作品

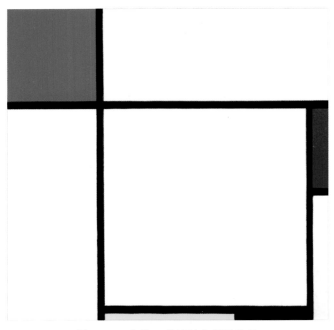

图 1.10   皮特·蒙德里安设计作品

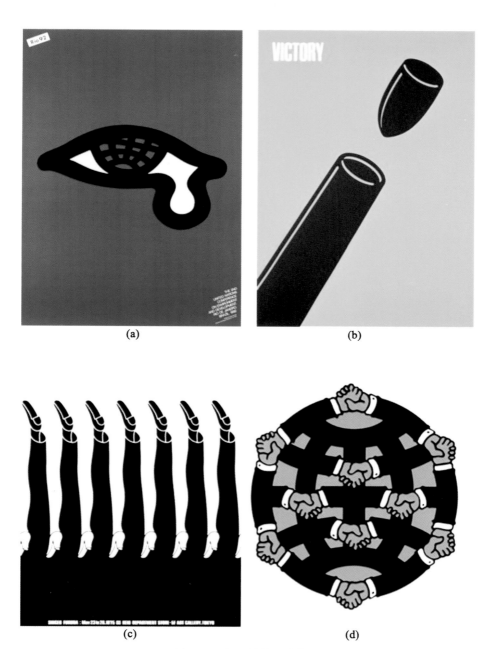

图 1.11 福田繁雄设计作品

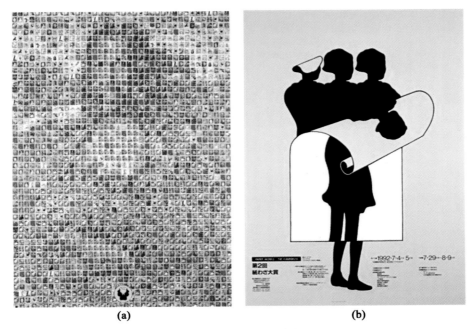

(a)   **(b)**

图 1.12 福田繁雄设计作品

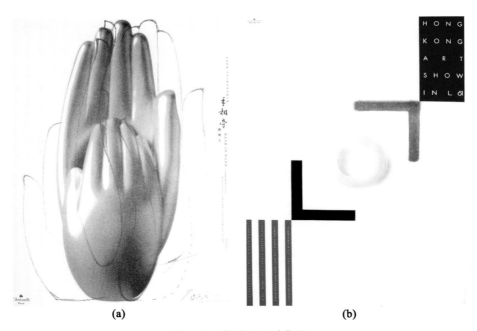

(a)   **(b)**

图 1.13 靳埭强设计作品

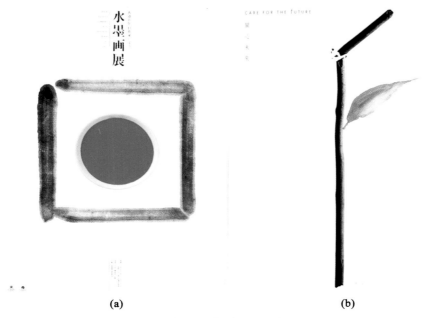

(a)   (b)

图 1.14　靳埭强设计作品

§1.3　图 "行" 于学科之间

图形创意虽然在艺术学校的学习中是专业基础课程，但学好该课程对以后专业课的学习具有较强的指导意义，这主要体现在两个方面：

其一、图形本身是一种符号，作图的过程是将抽象的语言通过设计人员的创意转化成为具体的 "图像语言"，因此在图像中的信息是否能够被观者成功的 "解码" 成为关键，这就要求设计师在设计时将所需的信息进行准确的 "编码"，如果编码不正确，观者就不可能从画面中接受到关键的信息。

其二、作品有了好的创意和 "编码"，还要注重视觉的表现，针对这个过程，设计师主要是将 "编码" 进行必要的组合、排列，通过这个过程提升作品在画面中的视觉效果，以达到吸引人的目的。

上述这两个方面不但是图形创意中所强调的内容，而且基本上也是艺术专业所有课程所强调的部分，在这个基础上说，"图形" 能够延伸到的领域非常广泛是有依据的。

图形可以延伸到包括：字体设计、标志设计、招贴设计、包装设计、创意摄影、书籍装帧、网页设计以及 ICON 图标设计，等等。

1.3.1　以字体设计为例

世界各国的历史尽管有长有短、不尽相同，文字的形式也不尽相同，但文字作为一种语言符号，历经悠久的历史，逐步形成代表当今世界文字体系的两大板块结构：代表华夏文化的汉字体系和象征西方文明的拉丁字母文字体系。汉字和拉丁字母文字都起源于图形符号，各自经过数千年的演化发展，最终形成了各具特色的文字体系。

现代中文字体设计的创意手法中，最主要的一种方式就是打破中文字体传统的笔画特点和要求，将字体笔画完全分解开来，进行重新组合。如图1.15（a）中这幅作品，在字体设计的过程中，运用了图形设计中的对比手法，将笔画的方与圆，粗与细并置在一起，进行了强烈的对比，而对比中又不失和谐，构成了这幅作品的独特性，让文字如图形般美好地存在。

在中文字体的设计中，我们还可以借鉴其他一些民族文字的特点进行设计创意，这种文字符号与文字符号之间的模仿，除了保有中文的识别度外，更重要的是在外形上具有模仿对象的外观特征。如图1.15（b）所示，这幅作品将藏族文字的特征融于汉字设计中，笔画的处理曲直得当，强调了笔画特征。

(a)

(b)

图 1.15

1.3.2　以标志设计为例

标志是一种特殊文字或图像组成的大众传播符号，以精练的形传达特定的含义和信息，是人们相互交流、传递信息的视觉语言。标志的视觉识别是任何语言和文字难以确切代替的，一个国家的视觉识别、一个城市的视觉识别、一个集团的视觉识别、一个文化团体的视觉识别、一个商业机构的视觉识别或是一个品牌的视觉识别，等等，都是以标志作为视觉形象的重要形式。作为视觉传达最有效的手段之一，标志是人类跨越时空共同的一种直观互动媒介。同时标志作为一种图形符号，在了解何为标志，如何设计标志之前，先学习何为图形，如何进行图形创意设计，尤为重要。

以在中国近代工业史上曾经一度辉煌的民族品牌 "永久自行车" 的标志发展为例，这个标志每一个阶段所呈现出的视觉形态都是图形，同时每一个阶段的图形形象的色彩、各元素的组合方式，都具有强烈的时代气息。如图 1.16 所示。

(a)1940 年　　(b)1942 年　　(c)1943 年　　(d)1945 年　　(e)1949 年　　(f)1951 年

(g)1956 年　　(h)1957 年　　(i)1960 年　　(j)1971 年　　(k)1980 年　　(l)2010 年

图 1.16　永久自行车标志

1.3.3　以招贴设计为例

招贴在媒介中是非常重要的视觉传达形式之一，招贴的形式简洁、单纯、表达有力，极具艺术魅力。招贴设计中图形语言追求的是以最简洁有效的元素来表现富有深刻内涵的主题，好的招贴作品无需文字注解，只需看图形后便能使人们迅速理解作者的意图。图形传达信息，招贴则是其最普遍、最广泛的形式。招贴设计有三大基本构成要素，即文字、图形、色彩，三者在招贴中都具有重要价值。但是，总体来看，图形居于最核心的地位。因为，图形是招贴中表达意义最有力量的要素，没有文字和色彩可以成为招贴，没有图形却很难成为招贴。这也是当今招贴设计创意的主导形式，同时也是招贴设计的乐趣所在。

如图 1.17 所示，是一组保护树木的公益招贴，通过将人们生活中常用的木质家具和树木进行了 "异影" 效果的处理，形成了视觉效果新颖的主体图形，同时也清晰、明确地表达出了设计主题，这就是招贴设计中图形创意的魅力。

1.3.4　以包装设计为例

产品包装中的图形总是占据包装画面的大部分位置，甚至占据整个画面，因此图形是包装中重要的视觉传达元素。在视觉顺序上，产品包装中的图形一般仅次于吸引人的品牌名称，处于第二位。但有些出色的图形却往往首先吸引人们的注意，成为传达商品信息、刺激消费的重要媒介。由此可见，在包装的视觉传达设计中图形设计也是很重要的一个环节。

如图 1.18 所示，系列包装设计作品，无论是何种包装形式，图形都占据了所有展销

图 1.17   保护树木公益招贴

的主要位置,图形给人们传递了产品的主要信息。

1.3.5   以产品设计为例

具有创意的图形已经广泛地应用于设计的许多领域,包括产品装饰设计,环境设计等,其共同点统一为三个要素:形象、意义、内涵。形象就是图形直观的视觉表象,必须是可以被清楚地识别,并能给观众带来审美体验的形式;其意义是图形所包含的和所要传

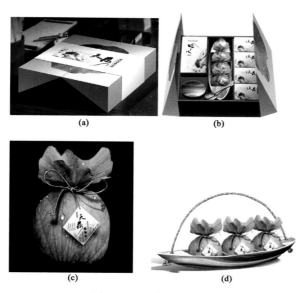

图 1.18　包装设计图形

达的概念、信息，是图形在特定环境下的所指，能够被观众有效地理解；内涵是构思的创造性体现，是形象与意义的微妙关系所传达出来的附加信息。

如图 1.19 所示，产品是一款时钟，但是其主要的设计理念是运用图形设计中的"元素替代"的创意方法，将时钟上的时间数字 1~12 和 12 种动物的图形进行了替换，将指针与猎枪的形态进行了替换。并将这种产品摆放于一些公共空间中，时刻警示着人们"禁止猎杀动物"的公益宣传。传达出了设计构思及表现的技巧，观众在与设计者的同感与同情中领会其思想内涵。

图 1.19　具有公益宣传作用的产品设计

§1.4　图形的概念和含义

图形是一种说明性的视觉符号，其本意是通过可视性的设计形态来表达创造性的意念，也是给设计思想以形态。图形概念的确定，是伴随着现代设计的出现而产生的，随着市场对视觉艺术的需求，设计师在追求图形的视觉冲击力度和表现形式中逐渐明确了图形的概念。

图形（Graphic）是指所有能够用来产生视觉图像并转为信息传达的视觉符号，是由绘、写、刻、印以及现代电子技术、摄影及处理等手段产生的能够传达信息的图像记号。需要说明的是，图形是向别人阐释某种观念或传达某种内容的视觉形象，是在特定思想意识的支配下对某一个元素或多个元素组合的一种有意的刻画与表现，图形强调的是视觉语言符号作用和象征意义。

在平面设计中，图形是指画面中的视觉图像。图形是人类通过视觉形象传达信息的一种特殊的语言形式。图形在视觉领域中具有相当长的历史，在文化和艺术领域内得到了广泛的应用，在西方，图形的英文表述是"Graphic"，其意是：生动的、轮廓分明的、手绘的、图形的、平面造型艺术等。

图形的本质特征：

（1）由绘、写、刻等手段产生的图像记号；

（2）是比较生动的图画形象；

（3）可以大量复制，并可以传递各种信息。

图形设计的主要功能是传播视觉信息。图形设计是一种有目的性的艺术符号的创造。图形是一种视觉化的、传递信息的语言符号，属于艺术形态，是意识与艺术、技术的组合，是视觉艺术的激情表现和相关元素的再现重组。设计师通过对线条、色彩和空间的组织，构成有意味的视觉形式，使概念、思想、情感得以表达出来，并通过一定的媒体进行传播，因此，图形设计也是图形语言的创造。

图形的含义是多方面的，由创造者的思维方式和观众的思考方式来决定。图形的产生可以不受任何条件的约束，可以任意表达创造者的思绪，同时也可以传达不同的意义和内涵。

图形创意有一定的偶然性，可以任意想象造型，只要表达手法和创作方式统一、和谐，就可以创造出不同意义和美感的图形。如图 1.20 所示。

图 1.20

§1.5 图形的特点

1.5.1 图形的直观形象性

图形是用形象来传递思想的，这种形象是一种有助于视觉传播的简单而单纯的语言，图形能使人们对于它所载的信息一目了然。这种直观的图形仿佛真实世界的再现，具有可视性，使人们对其传达的信息的信任度超过了纯粹的语言。如：在商品外包装中常用到一些非常逼真的图形，这些图形生动地展现了商品的优秀品质，其说服力远远超过了语言。

这种直观形象可以完全是生活中的现有的形，也可以是新创造的形。新创造的形应与其所代表的内容存在一种可以被人们理解和可以被人们接受的关系。

如图 1.21 所示，这一系列的图形运用产品原材料和口味原料进行了趣味的情景组合，直观而又具有创意地表达出了产品的原材料和产品的品味。

(a)　　　　　　　　　　(b)　　　　　　　　　　(c)

图 1.21

1.5.2 图形的共识性

图形的共识性是指人们对某一图形所代表的意义达成共同的认识和理解，图形可以在人们之间传播某一特定的信息。离开图形的共识性，图形无法成为人类交流的工具。由于图形多出现在平面设计中，而平面设计所特有的平面性，使设计者与观众之间的沟通较产品设计要弱一些。观众对平面设计意图的了解需经过一个心理过程，而没有身体上的具体体验，因而图形的共识性就成了沟通的一个必需前提。也就是说，只有制图者与观图者双方都认可某物及某物的替代性，某物才能传载信息。比如：只有甲方和乙方都将"心"形视为"爱情"的象征，甲方才能用"心"形来向乙方表达爱情，"心"形也才会被视为爱情的象征而不是被视为别的事物，这样双方才能在共识的基础上进行交流。

图形的这一特点，要求设计师必须在具体的图形设计中充分考虑到所设计的图形的共识性,使设计师与观众之间都能对所设计图形的意义充分了解,这样才能使设计意图得到广泛的交流。

如图 1.22 所示,这幅作品"我们在一起"的图形主要运用了"手拉手"代表了"在一起","运用手拉手围成的心形"代表了"万众一心",形象而生动地表达了设计主题。

如图 1.23 所示,是"雅芳化妆品"在情人节期间推出的一款招贴,图形运用了女性涂满红唇膏的嘴唇和"心形"相结合,巧妙地表达出了情人节这个主题。

图 1.22　我们在一起

图 1.23　雅芳化妆品招贴

1.5.3　图形的民族文化性

世界上的人们居住在不同的地理位置,不同的地区形成了自身不同的文化背景和氛围,相互之间的文化现象有着明显的差异性,每个民族都有其自身的文化特点和文化属性。不同的民族在其发展过程中会逐渐形成具有本民族特点的图形,这种图形不仅反映了本民族的社会生活(包括地域民俗、风土人情、社会世态等),同时也符合本民族的心理特点,代表了一个民族的群体意向和精神道德。比如:柏树在我国传统艺术中是代表不衰生命的图形,而在西方的古罗马、古希腊时期则代表死亡。这种在图形中所具有的民族文化的特点,其反映往往是间接的和曲折的。

如图 1.24 ~ 图 1.26 所示,都是采用了极具中国民族特色的各种元素所设计出的图形。

1.5.4　图形的情趣性

语言文字符号能准确传递信息,但是难免给人以生硬冷冰之感(这种说法应排除书法)。而图形在传递信息时,却以情趣性见长,使人们在接受信息时处于一种非常轻松愉快的状态。比如:用一个热气腾腾的杯子表示交流、交谈、休闲等,就远比用文字符号来

(a)　　　　　　　　　　　　(b)

图 1.24　中国民族特色图形设计

表示要热情轻松得多。

　　人的需要有多个层次，其中有被尊重的需要。我们在做设计时，常常说到人的因素，既然将人作为一个因素来考虑，在设计中就必须关注人的需要。图形的情趣性，使人们在接受图形所传递的信息时，处于一种主动状态，人被尊重的需要也在某种程度上能得到一种满足。

　　相对而言，文字符号已成为一种固定了规则的语言，人们只有绝对地服从规则，才能用其进行交流，但图形较之前者而言，则更富于变化，图形与要表达的含义之间不是简单的一对一的关系，这也是体现图形情趣性的一面。

　　如图 1.27 所示，是两个不同的产品在圣诞节期间推出的广告，图形的特点是，巧妙而又极富情趣的将产品本身与圣诞节所拥有的一些元素进行了结合，完美而又准确地表达出了主题，营造了节日的氛围。

1.5.5　图形的便捷性

　　人们通过图形来获得信息，不需要经过长时间的训练学习，图形具有其他传播媒介所缺乏的便捷性。电脑的普及，充分说明了图形的这一特性。不识字的儿童可以通过图形来了解视窗中的菜单功能。美国生产的电脑可以在不同语言的地区盛行，这说明图形的无年龄限制、无语言隔阂的便捷性。图形的这种便捷性，超越了年龄、语言、学识的限制，能使信息得到最大限度、最大面积的传播。

图 1.25 中国民族特色图形设计

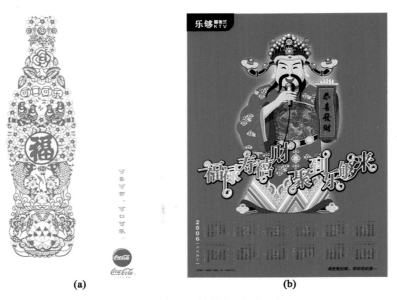

图 1.26 中国民族特色图形设计

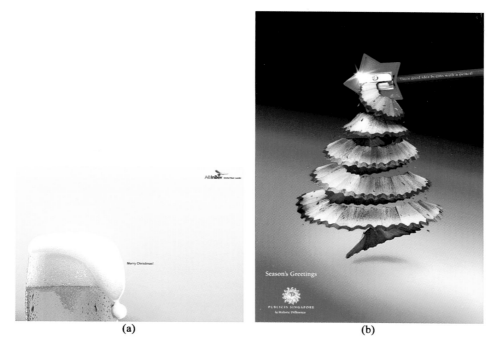

图 1.27 圣诞节广告设计

拓展思考题 1

1. 中国传统文化对中国当代的图形设计是否有影响？试举例说明。
2. 试结合所学专业谈谈对图形设计的理解。

第 2 章　异想天开·思维

【阅读导言】

1. 本章内容：本章主要从图形创意思维基本的概念、图形创意思维的特征、图形创意思维的基础、图形创意思维的形式，详细而又系统地对图形创意思维进行了阐释。

2. 学习要点：图形创意思维的基本概念和形式是学习的要点。

3. 学习方法：通过图例分析去理解概念性的讲解。在"图形创意思维的形式"的学习中还需要辅以一定的练习加以训练。

§2.1　图形创意思维的概念

思维是对周围世界的间接和概括的认识过程，思维反映对象和现象的一般的和本质的特征，反映对象和现象之间的实质性关系和规律性联系。简言之，思维是人脑对客观现实的本质及规律间接、概括的反映。

所谓创意即创造新意，寻求新颖独特的某种意念、主意或构想，图形创意是在图形设计中创造新意念的简称。西方哲学家认为，创造即创造意识，创意是人类创造认识活动中一种最奇妙、最有趣、最积极的精神现象。

思维是创意之母，图形创意是运用思维进行艺术性创造的活动。作为一种有意识的创造性行为，其广度和深度取决于创作的思维方式。现代设计艺术的发展要求设计师应具有创新意识和创意思维，只有这样，才能搏击于时代发展的大潮中，在世界艺术之林绽放更加夺目的光彩。

图形创意思维是指在图形创意过程中，设计师按照一定规律进行的创意思维活动，创造能带给观众全新视觉感受的图形，图 2.1 是逻辑思维与形象思维导图，在图形设计中必须把握逻辑思维与形象思维的特点才能对两者进行灵活运用。创意是设计的精髓和灵魂，良好的创意思维将使创意层出不穷，一个理想的图形创意方案的形成，也是人们不断进行创意思维活动的结果。认识和了解图形创意首先要认真研究图形创意思维的主体、对象、特征、方法等，理清图形创意思维的结构及基本要求，这对未来的创作具有导向性的意义与作用。

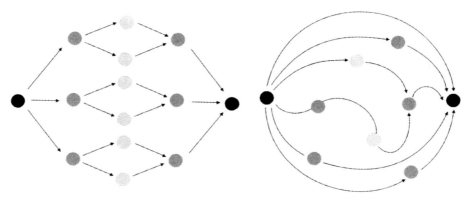

图 2.1　逻辑思维与形象思维导图

§2.2　图形创意思维的特征

图形创意思维是多种思维的综合运用，与一般性思维相比较，具有以下特征：

2.2.1　图形创意思维的独创性

图形创意思维的独创性是指必须从日常事物中找到与众不同的创意，要有超前的、新颖的、与众不同的意识。通过各种表现形式，产生标新立异的外形，达到深刻的创作主题内涵。也就是在图形创意过程中要有意识地在常态中去寻找一些非常态的感觉，将这一行为作为创作的灵感或切入点，以达到独创性的视觉感受。

如图 2.2 所示，是爱护动物协会所做的宣传，图形的主题是"实用才不会失宠"。图形主要采用动物身体的特点和日常生活中的常见物品进行替代，以此表达出"实用"的主题，通过逼真、写实的画面传达出设计理念。

2.2.2　图形创意思维的多向性

图形创意思维的多向性主要表现在具有立体思维的特点，从多为角度广泛深入地思考问题，图形创意思维的多向性具体体现在：全方位提出问题、不受传统观念限制做出多样化的设想方案、向多方位伸展、选择最佳方案。当面对一个设计主题时，要尽可能地从多个角度来观察和分析问题，表达的观点和设计理念不可过于狭隘，尽量做到"以小见大"。

如图 2.3 所示，是"抗议司机酒后驾驶母亲协会"的宣传海报，图形以漂亮的鸡尾酒和各种能代表驾驶的元素进行组合，从多个角度表达出了酒后驾车所导致的惨痛结果。图形打破了传统的说教方式，直接通过各元素的创意组合，直观、形象地展现出结果，将本不可能存在的形式组合在一起，产生了较强的视觉冲击力，也因此比文字更具说服力。

2.2.3　图形创意思维的跳跃性

从思维的进程来说，创意思维常以一种灵感突发的情景出现，出其不意，表现出非逻

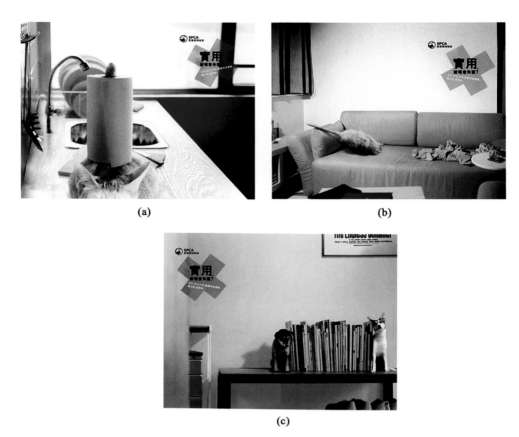

图 2.2 爱护动物协会宣传设计图

图 2.3 "抗议司机酒后驾驶母亲协会"的宣传海报

辑性的品质。其实质是思维长期酝酿准备过程中的灵感突现。

　　如图 2.4 所示，是两个洗涤品牌的宣传海报，图形把污渍和油污进行了拟人和拟物的创意思维，图形表达出的效果是，这款去污的产品分开了像情侣一样的污渍与衣物，以及具有强大吸附能力的油污和厨具。形象且出其不意地表达了产品强大的去污能力。

(a)

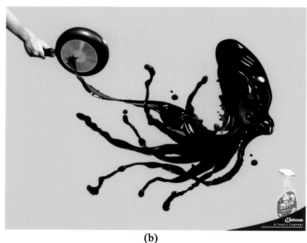

(b)

图 2.4　洗涤品牌的宣传海报

2.2.4　图形创意思维的整体性

　　图形创意思维的整体性主要体现在空间上的概括和综合，是对各种思维的一种综合、比较与选择。是多种思维方式的协调与统一，是设计师对事物的直觉性观察、思考和联想。

　　创意思维是多种思维方式的协调和统一，设计师只有正确把握思维的奥秘，充分运用创意思维的特征。才能给人们带来崭新的视觉形象。如图 2.5 所示。

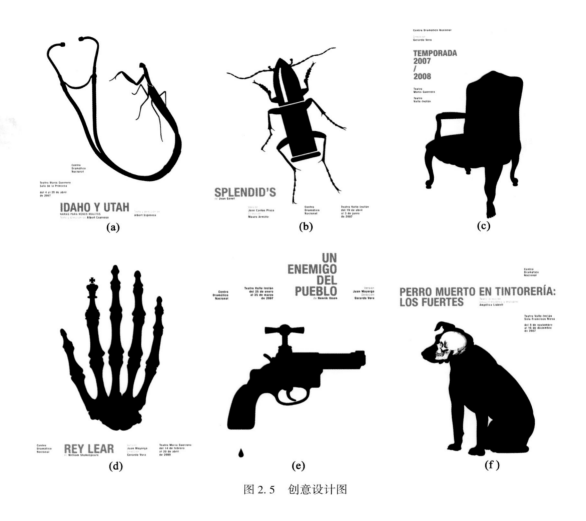

图 2.5　创意设计图

§2.3　图形创意思维的基础——联想和想象

联想是"观念的联合",即通过各种方式由一事物观念联系到另一事物观念的心理过程。通过联想,人们可以将诸多时空分离的事物和概念,甚至是毫无关联的要素联系起来。在灵感的撞击中,捕捉创意的火花。图形联想强调的是思维过程的扩展。

想象是在联想的基础上进行的创造,是人们进行发明创造所必须具备的心理品质。爱因斯坦曾经说过:"想像力比知识更重要,知识是有限的,而想像力概括着世界上的一切,推动着社会的进步,并且是知识进步的源泉。"图形想象可以是天马行空的创造。

著名美学家王朝闻说:"联想和想象当然与印象或记忆有关,没有印象和记忆,联想或想象都是无源之水,无本之木。显然,联想和想象都不是印象或记忆的如实复现。"在图形设计创作过程中,联想和想象不是对记忆中以往事物的简单罗列,而是将脑海深处的多个形象，拆分、重叠、聚散、融合，发掘它们之间前人所未察觉的内在联系，从而重新幻化成令观者惊异的崭新形象。

　　创意要善于用所要表达的意来联想和想象，联想和想象有时是有意识的，有时是无意识的，有意识的联想和想象在许多方面都反映的是无意识的东西，而无意识的联想和想象可以形成有意识的理念。因此一种想象，一种无止境的联想就是一个创意的来源。

　　如图 2.6 所示，表达的是 Gabor 女鞋穿着的舒适和贴合。通过若有若无的皮肤色的鞋形和脚的完美组合，创作出的新图形形象，生动地反映出了主题。主要通过人们的联想和想象来完成对产品品质的赞美。

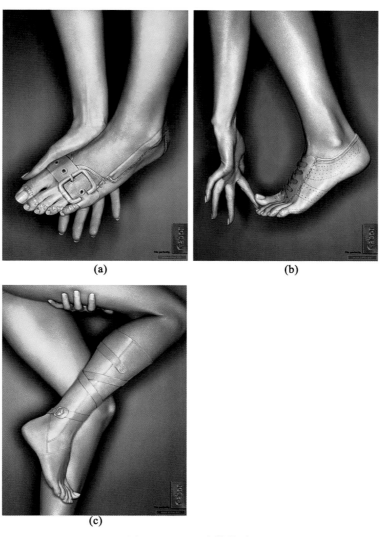

图 2.6　Gabor 女鞋设计

§2.4 图形创意思维的形式

2.4.1 打破规则

规则即是规律与法则。人们对于规则的认识主要包括自然规律、科学定律和社会规律，比如太阳的东升西落，牛顿的万有引力定律以及社会事物从出现到发展至灭亡的规律，等等。人们对规则的把握帮助了人类生活的不断前进，同时也使得人们在某个认识上趋向于统一，形成定式。

而对于图形创意而言，如果只是将规则的东西重现，会使得创意的效果平淡而缺少新意，所以更多的时候是去追求规则的突破。当然，要想突破规则，首先必须要了解和认识人们生活中各种各样的规则，才能在这个基础之上有所变化。只有当一个或一种规则被打破时，才会重新带给人新的感官和体会，这样的方式是图形创意的一条非常便捷的途径。

打破规则的方法并不复杂，就是颠覆之前的规则，将习以为常的规则破坏便可以轻松地实现，打破的时候在思维上是没有界限的，可以提出将各种看似不合理，甚至不可能的事物加以颠覆，以此来刺激人们的创意思维。

在打破规则的手段上常用的有对原有规律的打破、视觉规律的打破和常规思维的打破等。如图2.7所示，表达的主题是澳柯玛冰箱的保鲜功能，图形却采用了打破常规的方式用冰箱中保存的物品，创作出一些生动的形象借此来反映主题。

2.4.2 移情

人是情感的"动物"，人的情感复杂多样，从心理学上分有四种：喜，怒，哀伤，恐惧。人的情感主要分两个大类，情绪和情感。其中情绪比较外显，而情感比较内隐，容易受人的理智的影响和控制。在现代设计以及图形创意中表现最多的还是亲情，友情及爱情，通过以上情感的三大主题贯穿于视觉形式的表现，可以增加图形、图像的视觉感染力，使其含有深刻的意念，并且可以让原本毫无生命的视觉元素"说话"，从而呼唤人们内心深处的共鸣。移情永远是图形创意中的主题，在具体运用上，一般会以情托物，或以物寄情的手法，来创造出内涵丰富、意境深远、充满生命活力的图形、图像。如图2.8所示，"我们在一起"和"喜力啤酒情人节"广告，两幅图中本是一些看上去毫无关联的元素，所表达的却是简单而丰富的内涵，同时也创造出了相对新颖的图形。

2.4.3 类比思维

类比思维，是指人们常常用一件事去比喻另一件事，或用事物坏的一面来证明好的一面，甚至能通过某地所发生的事件或情景，诱发出对此时或将要发生的事件的某种思考和判断，并通过分析决定未来的某种对策和行动。

类比思维也是通过联想的方式进行，但其特点是联想的空间非常大，可以在不同的物种之间进行跨越性的联想，也可以相互转换。

运用类比思维产生的图形在设计中非常常见，可以是形象上或文字上的直接诱发，也可以通过提供视觉环境、情景诱发，可以通过视觉形象所呈现的情感来打动观众。总之，

图 2.7　澳柯玛冰箱的保鲜宣传

(a)

(b)

图 2.8

善于发现事物之间发展的共同规律和它们之间的关系也是联想的一条有效途径。

如图 2.9 所示，是一组反对吸烟的招贴，其主题是 "你抽烟还是烟抽你"，图形主体采用了人的手臂和燃烧的烟头相结合的形式，形象地表达了主题思想，同时也形象生动地隐喻了吸烟有害健康的中心思想。

(a)

(b)

图 2.9 反对吸烟招贴

2.4.4 正向思维

所谓正向思维，就是人们在创造性思维活动中，沿袭某些常规去分析问题，按事物发展的进程进行思考、推测，是一种从已知到未知，通过已知来揭示事物本质的思维方法。这种方法一般只限于对一种事物的思考。

　　运用正向思维进行图形创作的优势是使得最终的意思清晰明了，使观众在阅读图形的过程中简单直白。

　　如图 2.10 所示是公益海报，其主题是释放氢气球会破坏房屋、森林，甚至破坏生命。图 2.10 中把氢气球制作成汽车和房屋的形态，采用直接燃烧氢气球的图形设计，运用正向思维、清晰明了地表达了设计主题。

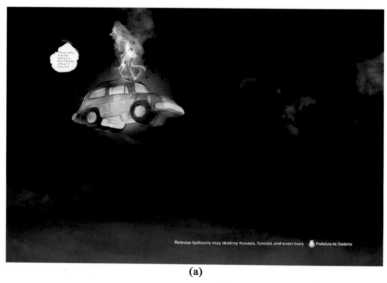

(a)

(b)

图 2.10　公益海报

2.4.5　侧向思维

侧向思维又称为旁通思维，是发散思维的又一种形式，这种思维的思路、方向不同于

正向思维、多向思维或逆向思维，侧向思维是沿着正向思维旁侧开拓出新思路的一种创造性思维。通俗地讲，侧向思维就是利用其他领域里的知识和资讯，从侧向迂回地解决问题的一种思维形式。这符合人类"取巧"、"偷懒"的精神，一般情况下，当一个问题从正面去思考无法解决时，往往就需要从侧面去想，这不是投机取巧，而是灵活地避开问题锋芒，从最不打眼的地方，也就是次要的地方，多做文章，把解决问题的思路挖掘出来，并将其价值扩大。这样往往会有意想不到的效果，也会更简单、更方便。侧向思维的特点是：随机应变，思路活泼多变，善于联想推导。

如图 2.11 所示，以"自吻、自刎"为主题，将香烟与枪管进行同构，告诉人们，吸烟等于自杀这个道理。

图 2.11　自吻、自刎

2.4.6　逆向思维

逆向思维是发散思维最重要的形式，也是在艺术高校图形课堂的练习中常用的一种思维训练方式之一。当正向思考与侧向思考没有好的创新点时，将这个事物反过来看一看、想一想，自己多问几个为什么，通常经过几次反复，就可以得到更多一些的创新点。采用这样的反向方式对比是最强的，往往会取得创意的突破，配合良好的表现手法，最终的作品会具有更刺激的视觉效果。

正向思维、侧向思维以及逆向思维三种形式相辅相成，灵活运用可以有效地提高新创

意的出现。

　　日常生活中常见人们在思考问题时"左思右想"，说话时"旁敲侧击"，这就是侧向思维的形式之一。在视觉艺术思维中，如果只是顺着某一思路思考，往往找不到最佳的感觉而始终不能进入最好的创作状态。这时可以让思维向左右发散，或作逆向推理，有时能得到意外的收获，从而促成视觉艺术思维的完善和创作的成功。在平面设计中，逆向思维是常用的训练方法之一。如埃夏尔的作品《鸟变鱼》，这个作品打破了思维定势，将天上飞的小鸟经过渐变的处理手法逐渐演变为河水，而白色的天空逐渐过渡为水里的游鱼，鸟和鱼是图地反转的关系，画面自然和谐，耐人寻味。另一幅作品《瀑布》在构思上也采用了逆向思维的方法，利用透视的错觉，形成了水渠与瀑布的一整套流动过程，并在看似正常的图形中将局部加以变化，造成一个不合理的矛盾空间，仔细分析后得知这个画面是违背常规的。如图 2.12 所示。

(a)

(b)

图 2.12　埃夏尔设计作品

2.4.7　头脑风暴法

　　头脑风暴法又称为智力激励法，是现代创造学奠基人美国奥斯本提出的，是一种创造能力的集体训练方法。该方法把一个组的全体成员都组织在一起，使每一个成员都毫无顾忌地发表自己的观点，既不怕别人的讥讽，也不怕别人的批评和指责。该方法适合于解决那些比较简单、严格确定的问题。

　　头脑风暴法的特点是让与会者敞开思想，使各种设想在相互碰撞中激起脑海的创造性风暴，头脑风暴法可以分为直接头脑风暴法和质疑头脑风暴法。前者是在专家群体决策的

基础上尽可能激发创造性，产生尽可能多的设想方法；后者则是对前者提出的设想，方案逐一质疑，发现其现实可行性的方法。这是一种集体开发创造性思维的方法。

运用头脑风暴法时应注意以下事项：

（1）头脑风暴法的小组成员不宜过多，一般控制在 7 人以内较好。

（2）头脑风暴法会议之前需要明确参加会议的人员、时间、地点和主题，若有条件，还可以将本次会议所涉及的背景资料在会议之前分发到小组成员。

（3）会议必须要确定主持人和记录人，主持人的任务主要是活跃气氛，调动大家的思维，记录人的任务是将会议中的所有观点记录下来。

（4）会议过程中所有成员提出的观点不可批评，更不能指责，保持成员之间最大的积极性。

（5）会议完毕后要将所有的资料进行整理，并将可行的方案交与专人设计并完成。

（6）如果最后的设计稿件无法达到所想的预期，可以再次召开头脑风暴法会议。

2.4.8　思维导图

思维导图的创始人托尼·巴赞（Tony Buzan），以大脑先生闻名国际，成为英国头脑基金会的总裁，身兼国际奥运会教练与运动员的顾问，担任英国奥运会划船队及西洋棋队的顾问，被遴选为国际心理学家委员会的会员，是"心智文化概念"的创作人，是价值 30 万美金"世界记忆冠军协会"的杰克逊自画的思维导图的创办人，发起心智奥运组织，致力于帮助有学习障碍者，同时也拥有全世界最高创造力 IQ 的头衔。截至 1993 年，托尼·巴赞已经出版了 20 本书，包括 19 本关于头脑、创意和学习的专著，以及一本诗集。

思维导图，又称为心智图，是表达发射性思维的有效图形思维工具。是一种革命性的思维工具。简单却又极其有效。思维导图运用图文并茂的技巧，把各级主题的关系用相互隶属与相关的层级图表现出来，把主题关键词与图像、颜色等建立记忆链接，从而开启人类大脑的无限潜能。思维导图因此具有人类思维的强大功能。

思维导图是一种将放射性思考具体化的方法。放射性思考是人类大脑的自然思考方式，每一种进入人的大脑的资料，都可以成为一个思考中心，并由此中心向外发散出成千上万的关节点，每一个关节点代表与中心主题的一个连接，而每一个连接又可以成为另一个中心主题，再向外发散出成千上万的关节点。

由于思维导图的这种特性，十分适合在图形创意的过程中以单个人的方式加以运用，同时思维导图是图文并茂的，所以对创意者将会有很强的指导意义。如图 2.13、图 2.14 所示。

以"武汉印象"主题创意为例，学生通过思维导图的方法进行了图形的发散，很大程度上开启了学生的思维流畅性和发散性。如图 2.14 所示。

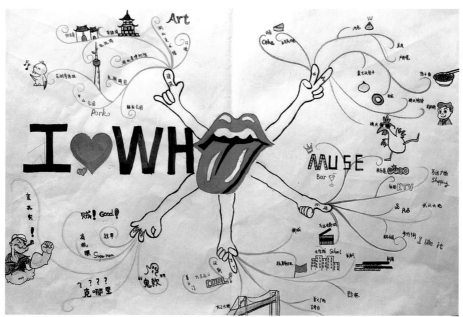

(a)"武汉印象"思维导图(李思)

(b)"武汉印象"思维导图(薛志琳)

图 2.13　思维导图

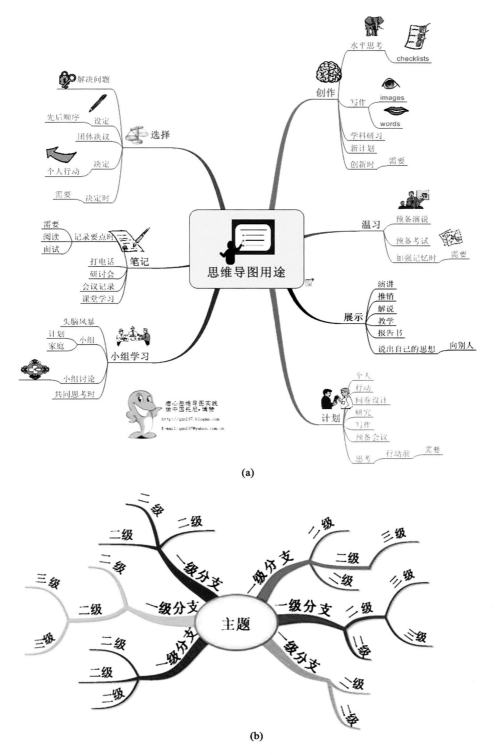

(a)

(b)

图 2.14 思维导图

拓展思考题 2

通过本章的学习，你认为在图形创意思维的表达中最重要的是什么？

拓展练习题 2

1. "头脑风暴会议"模拟练习。以小组为单位，确定一个主题，然后按课文中介绍的方法实施讨论。

2. 思维导图练习。主题自定，然后按课文中介绍的方法独立思考完成。

第3章 想方设法·方法

【阅读导言】

1. 本章内容：本章围绕图形创意的"方法"问题进行阐述，从大量大师作品和优秀设计作品中总结出"从具象引到抽象"、"二维走向三维"、"从加法做到减法"三大类图形创意的方法，并有针对性地设置了相应的图形训练环节。

2. 学习要点：图形创意方法及其实践。

3. 学习方法：通过大量案例分析，去理解优秀作品的设计方式。在图形课题训练过程中，去体会图形创意的魅力。

"方法"：古代是指量度方形的法则，现在是指为达到某种目的而采取的途径、步骤、手段等。从技术性的角度，人们把在有目的的行动中，通过一连串有特定逻辑关系的动作来完成特定的任务。这些有特定逻辑关系的动作所形成的集合整体就称之为人们做事的一种方法。

作为图形创意而言，创作过程中到底有没有一种特定的逻辑关系呢？创作一幅优秀的图形创意作品到底有没有一个恒定的手段和步骤呢？这个答案是辩证的：作为初学设计的学生而言，方法的存在是有必要的，也是必须的。但是对于艺术设计本身的学科属性而言，将艺术的创作，特别是创意类的课程限定在某种方法上也是不科学的。可以说，对于艺术创作而言，方法的有无是一个辩证的概念。但作为教程而言，本章还是将图形创意中艺术大师们在创作过程中运用的一些方法总结、罗列出来，为初学者入门提供一些参考。本章§3.4中将与大家探讨"方法"的境界问题，对深入学习者提出更高的要求，希望读者通过课程的学习能创造出自己独到的创作方法以及对艺术设计怀揣更高层次的追求。

将具象的图形转化为抽象图形；从二维的平面图形到三维图形的转换；从复杂的图形叠加到简洁的图形创造等，图形创作方法已经在艺术大师的作品中得到体现。我们将针对这些方法作详细的分析和阐述。

§3.1 从具象引导到抽象

"形"在人们的心中到底是一个怎样的概念呢？或者让你来描绘一名同学的形象，你会如何表达呢？头脑中第一反应是否就是一幅写实的素描形象，或者一幅漫画形象？当人们去品味类似毕加索等现代艺术大师的艺术作品时，是否诧异原来大师眼中的人物却是这么一番景象。似乎在大师眼中人物的个性只是一些夸张的五官、抽象的色彩等。而这些较为抽象的图形似乎给了人们平面设计时一个全新的图形创意启示。

3.1.1 具象形和抽象形

具象是指客观实体的直观形象，具像生动地反映了实体的个性，而把共性掩盖在个性之中。人们通常把运用摄影、绘画、喷绘、概括以及夸张等手法反映客观事物的具体形象称为具象形，也有设计师称其为具象素材。通过摄影得到的影像是实体形象的复制品；通过绘画、拓印、描摹所得到的民间工艺传统艺术品也都是实体形象的摹写与再现，这些形体都被称为具象形。如图 3.1~图 3.4 所示。

图 3.1 　传统艺术形象

图 3.2 　工艺作品形象

图 3.3 　素描写生作品（黄亮）

图 3.4 　影像

抽象一词原义是指人类对事物非本质因素的舍弃与对本质因素的抽取。抽象是从众多的事物中抽取出共同的、本质性的特征，舍弃其非本质性的特征。抽象形是与具象形相互区别而又相互联系的概念。抽象的图形设计是指运用点、线、面变化形式构成的非具象图形，是对实体形象的概括表现，抽象图形在画面中具有广阔的表现余地，有着独特的表现力。如图3.5、图3.6所示。

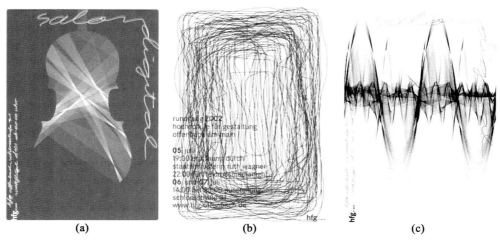

(a)   (b)   (c)

图3.5　抽象图形表现的设计作品——克劳德·海瑟招贴作品

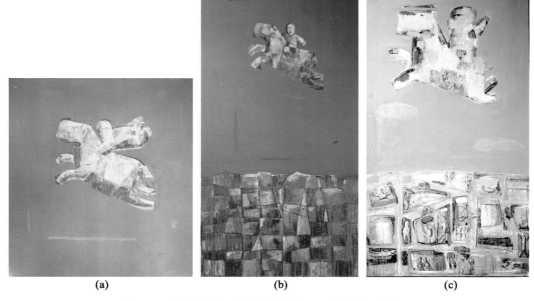

(a)   (b)   (c)

图3.6　抽象图形表现的绘画作品——《乐马》（张扬）

人们常说的抽象艺术是指那些艺术形象较大程度偏离或完全抛弃自然对象外观的艺

术。抽象艺术在 20 世纪兴起于欧美。诸多现代主义艺术流派如抽象表现主义、立体主义、塔希主义等均受抽象艺术的影响。现代抽象艺术大致可以分为两种：其一是对自然对象外观加以提炼或重组，使之简约；其二是完全舍弃自然对象，以纯粹形式构成出现，称为纯抽象艺术。前者有两种类型：一种以自己对事物的概念为创作依据，减去被认为是次要的、偶发的因素，追求一种本质的内容；另一种则从个别特殊的自然对象中抽取艺术形象。后者分为情感型和理智型两类。情感型被称为热抽象，如 W. 康定斯基、J. 米罗等；理智型被称为冷抽象，以 K. C. 马列维奇和 P. 蒙德里安为代表。抽象主义思潮盛行于 20 世纪 50 年代。现代抽象艺术运动整体上是对模拟自然传统的反叛，对现当代艺术与设计产生了深远影响。

3.1.2　艺术大师眼中的"抽象"形

对具象形和抽象形的认识，其目的就是希望学生能从高考应试性的写实训练中脱离出来，能全面地认识现代艺术的全貌。20 世纪的艺术舞台上出现了若干个流派，如野兽派、立体派、未来派、表现派、达达派、抽象表现主义、波普艺术、欧普艺术、偶发艺术、行为艺术、观念艺术、大地艺术、超级写实艺术，等等。

20 世纪的艺术家们用狂热的激情见证着艺术从"再现"到"表现"再到"观念"的历程。"具象"与"抽象"似乎已经不是艺术家标榜前卫、树立观念的考量标准。但通过这些艺术大师的践行至少让人们明白了一个道理，"形"的概念绝对不是恒定不变的，当然更不仅仅是写实的、具象的。这里我们将列举出几位绘画艺术大师，通过几位大师的作品来一同感受他们眼中的"形"到底是怎样的。

1. 巴勃罗·毕加索眼中的抽象"形"

巴勃罗·毕加索（Pablo Picasso, 1881—1973 年）出生于西班牙马拉加（Malaga），是当代西方最有创造性和影响最深远的艺术家，立体画派的创始人，他和他的画作在世界艺术史上占据了不朽的地位。毕加索也是一位多产画家，据相关资料统计，他的作品总计近 37 000 件，包括：油画 1 885 幅，素描 7 089 幅，版画 20 000 幅，平版画 6 121 幅。毕加索一生不仅留下了数量惊人的作品，而且风格丰富多变，充满非凡的创造性。代表作品有：《亚维农的少女》、《卡思维勒像》、《瓶子、玻璃杯和小提琴》、《格尔尼卡》、《梦》等。

如果单单从某一幅作品来界定毕加索这位画家是抽象派还是具象派是很不明智的。特别是对毕加索这样一位天性多变且极不安分的天才艺术家更是如此。他在艺术历程上没有规律可循，从自然主义到表现主义，从古典主义到浪漫主义，然后又回到现实主义。从具象到抽象，来来去去，他反对一切束缚和宇宙之间所有神圣的看法，只有绝对自由才适合他。毕加索的代表作《亚维农的少女》，女人正面的脸上画着侧面的鼻子，而侧面的脸上倒画着正面的眼睛。这便是毕加索眼中的女人形象。

毕加索于 1909—1911 年"分析立体主义"时期的绘画，进一步显示了对于客观再现的忽视。这一时期他笔下的物象，无论是静物、风景还是人物，都被彻底分解了，使观者对其不甚了了。虽然每一幅画都有标题，但人们很难从画中找到与标题有关的物象。那些被分解了的形体与背景相互交融，使整个画面布满以各种垂直、倾斜及水平的线条所交织而成的形态各异的块面。在这种复杂的网络结构中，形象只是慢慢地

浮现，可以即刻间便又消解在纷繁的块面中。色彩的作用在这里已被降到最低程度。画面上似乎仅有一些单调的黑、白、灰及棕色。实际上，画家所要表现的只是线与线、形与形所组成的结构，以及由这种结构所发射出的张力。《卡思维勒像》就诞生于这一时期。如图 3.7、图 3.8 所示。

图 3.7　亚维农的少女

图 3.8　卡思维勒像

2. 彼埃·蒙德里安眼中的抽象 "形"

彼埃·蒙德里安（Piet Cornelies Mondrian，1872—1944 年），荷兰画家，风格派运动幕后艺术家和非具象绘画的创始者之一，其作品对后代的建筑、设计等影响很大。蒙德里安是几何抽象画派的先驱，与德士堡等组织 "风格派"，提倡自己的艺术 "新造型主义"。认为艺术应根本脱离自然的外在形式，以表现抽象精神为目的，追求人与神统一的绝对境界，亦即今日人们熟知的 "纯粹抽象"。

蒙德里安把绘画语言限制在最基本的因素：直线、直角、三原色（红、黄、蓝）和三非原色（白、灰、黑）上，称这种画为新造型主义。从 1917 年起，蒙德里安绘制了大量这种作品，题目彼此差不多，《红、蓝、黄构图》是其代表作品。如图 3.9 所示。

3. 杰昂·米罗眼中的抽象 "形"

杰昂·米罗（J. Miro，1893—1983 年），20 世纪的绘画大师，超现实主义绘画的伟大天才之一。米罗艺术的卓越之处，并不在于他的肖像画或绘画结构，而是他的作品有幻想的幽默——这是其中一个要素。另一个卓越之处就是米罗的空想世界非常生动。他绘制的有机物和野兽，甚至他绘制的无生命的物体，都有一种热情的活力，使人们觉得比日常所见更为真实。

米罗的超现实主义绘画具有鲜明的个人风格：简略的形状、强调笔触的点法、精心安

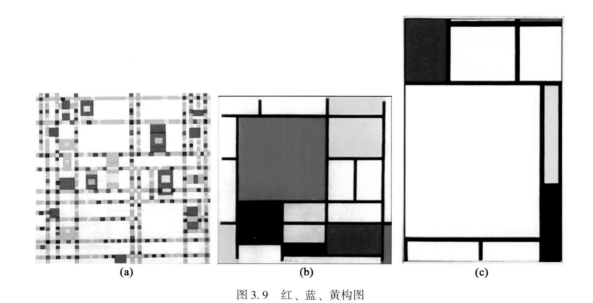

图 3.9　红、蓝、黄构图

排的背景环境，奇思遐想、幽默趣味和清新的感觉。米罗作画以漫不经心地笔划在画布上自由弯曲伸展游动，毫不考虑笔划之间的相互关系以及空间深度的要求，血红色或古蓝色的各式形状，散布在深浅不同的背景上，大小相间着的黑点、黑团、黑块，像爆炸四溅的宇宙流星。这些假装漫不经心乱涂出来的稚拙形状，构成一个反复无常的滑稽世界，一个多彩多姿的梦幻世界。如图 3.10 所示。

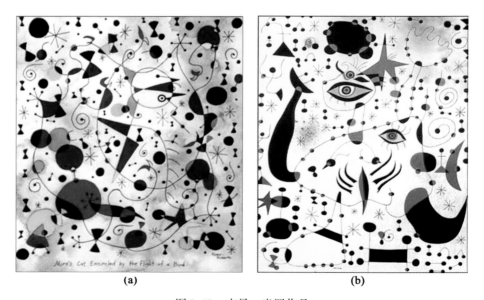

图 3.10　杰昂·米罗作品

4. 瓦西里·康定斯基眼中的抽象 "形"

瓦西里·康定斯基（Wassily Wasilyevich Kandinsky，1866—1944 年）俄裔法国画家，艺术理论家。康定斯基在 1910 年创作了第一幅抽象水彩画作品，这幅画被认为是抽象表现主义形式的第一例，标志着抽象绘画的诞生。在这幅画中，人们看不到可以辨认的具体物象，画家摒弃了绘画中一切描绘性的因素，纯粹以抽象的色彩和线条来表达内心的精神。如图 3.11 所示。

(a)   (b)

图 3.11　瓦西里·康定斯基作品

这是康定斯基与其他画家的不同之处，也是他用一种新的创作方法试验的第一幅作品，不同于以往他所创作的任何作品，成为他创作的新起点。他认为艺术创作的目的不是捕捉对象的外形，而在于捕捉其内在精神。因此，康定斯基一直努力试验摆脱外形的干扰，尝试用水彩和钢笔素描的效果来揭示对象的精神。这幅画就是他试验的结果。在画面中，除了一团团大大小小的色斑和扭曲、激荡的线条以外，人们几乎看不到其他东西。康定斯基还用淡淡的奶油色打底，造成了一种如同梦幻般的效果，而笔触又是轻盈和快乐的，一切都没有规则性，似乎是在精神世界中一闪而过的东西却又无法清晰地辨认出来。

5. 保罗·克利眼中的抽象 "形"

保罗·克利（Paul Klee 1879—1940 年），最富诗意的造型大师。出生于瑞士艺术家庭，父亲是德国人，母亲是瑞士人。家庭对后来他的艺术生涯奠定了基础。克利年轻时受到象征主义与年轻派风格的影响，产生一些蚀刻版画，借以反映出对社会的不满。后来又受到印象派、立体主义、野兽派和未来派的影响，这时的画风为分解平面几何、色块面分割的画风走向。后来在 1920—1930 年任教于包豪斯学院，认识了康丁斯基、费宁格等学者，被人称为 "四青骑士"。

克利在对色彩、形式和空间方面创立了独特的表达方式。这位伟大的幻想家创造了一门抽象艺术，他的北非和欧洲之行，以及他对梵高、保罗·塞尚和亨利·马蒂斯的崇拜，对他的作品都产生了深刻的影响。保罗·克利的画作多以油画、版画、水彩画为主，其代表作品：《亚热带风景》、《老人像》等人物画等都是他的代表作。如图 3.12 所示。

6. 杰克逊·波洛克眼中的抽象 "形"

杰克逊·波洛克（Jackson Pollock，1912—1956 年）是 20 世纪美国抽象绘画的奠基人之一。

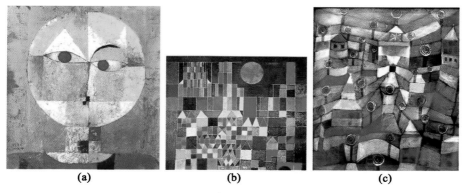

图 3.12　保罗·克利作品

　　波洛克是抽象表现主义的先驱，是 20 世纪最有影响力的艺术家之一，以其在帆布上很随意地泼溅颜料、洒出流线的技艺而著称，他的作品往往具有难以忘怀的自然品质。波洛克绘画所创造的神奇效果几乎与他使用的笔和画布毫无关系。他的绘画已经完全替代了创作的本身，是一种近似表演艺术的创作形式。
　　波洛克的作品有《男人和女人》、《野营和加油站》、《闪烁的物质》、《图形》、《茶杯》、《月亮与女人》、《死亡》、《眼睛》、《蓝》、《秘密的保护人》、《教堂》等。如图 3.13 所示。

图 3.13　杰克逊·波洛克作品

3.1.3　抽象造型元素中的点、线、面

　　任何一门艺术都含有其自身的语言，作为抽象艺术大师的康定斯基在其著作《康定斯基论点、线、面》中精辟的揭示出了图形符号的基本造型要素就是点、线、面。点的轨迹形成线，线的位移又形成了面。如图 3.14 所示。
　　点，《辞海》中的解释是：细小的痕迹。在自然界里，海边的沙石是点，落在玻璃窗上的雨滴是点，夜幕中满天星星是点，空气中的尘埃也是点。具体为形象的点，可以用各种元素表现出来，不同形态的点呈现出不同的视觉特效，随着其面积的增大，点的感觉也

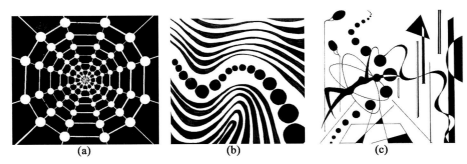

图 3.14　点的构成

将会减弱。如人们在高空中俯视街道上的行人，便有"点"的感觉，而当人们回到地面，"点"的感觉也就消失了。

几何学中的点是没有面积和体积的，人们只能理解到点的存在。正如康定斯基所言，"从物理的角度来看，点等于零。"但作为视觉呈现的图形而言，点则不仅能被看见、感知，还具有大小、形状。由不同数量的点所构成的视觉效果也是不同的：单一的点，有集中视线的作用；两个或多个点，能使视线不断移动；点的聚集形成面的感觉。由许多点形成有秩序的大小、形态的变化又会产生虚实感、远近感和立体感。

美艺设计师们常常通过点来进行表情达意。在画面空间中，一方面点具有很强的向心性，能形成视觉的焦点和画面的中心，显示了点积极的一面；另一方面点也能使画面空间呈现出涣散、杂乱的状态，显示了点的消极性。点还具有显性与隐性的特征，隐性点存在于两线的相交处、线的顶端或末端等处。

点的构成具有以下特征：

（1）有序的点的构成：这里主要是指点的形状与面积、位置或方向等诸因素，以规律化的形式排列构成，或相同的重复，或有序的渐变等。点往往通过疏与密的排列而形成空间中图形的表现需要，同时，丰富而有序的点构成，也会产生层次细腻的空间感，形成三次元。在构成中，点与点形成了整体的关系，其排列都与整体的空间相结合，于是，点的视觉趋向线与面，这是点的理性化构成方式。

（2）自由的点的构成：这里主要也是指点的形状与面积、位置或方向等诸因素，以自由化、非规律性的形式排列构成，这种构成往往会呈现出丰富的、平面的、涣散的视觉效果。如果以此表现空间中的局部，则能发挥其长处，比如象征天空中的繁星或作为图形底纹层次的装饰。

线是点运动的轨迹，又是面运动的起点。在视觉中呈现的线与几何中的线也有区别，视觉中的线不仅仅只有长度，还有宽度。而线的粗细、浓淡、曲直、刚柔以及方向、聚合，都能表现出不同的视觉效果，可以说在点、线、面中，线条是最富表情的表现要素。

画家克利在包豪斯学院授课期间，曾这样给线下了定义：线就是运动中的点。更为重要的是他把线形象地分成三种基本类型：积极的线、消极的线和中性的线，积极的线自由自在，不断移动，无论有没有一个特定的目的地；一旦有哪条线临摹出了一个连贯一致的图形，这条线就变成了中性的线；如果再把这个图形涂上颜色，那么这条线就又变成了消

极的线，因为此时已经由色彩充任了积极地因素。

从线性上讲，线具有整齐端正的几何线，还具有徒手画的自由线。物象本身并不存在线，面的转折形成了线，形式由线来界定，也就是人们说的轮廓线，轮廓线是艺术家对物质的一种概括性的形式表现。如图 3.15 所示。

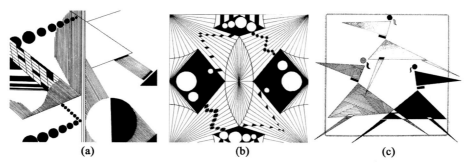

(a) **(b)** **(c)**

图 3.15　线的构成

通常我们把线划分为如下两大类别：

（1）直线：平行线、垂线（垂直线）、斜线、折线、虚线、锯齿线等。直线在《辞海》中释意为：一点在平面上或空间中沿一定（含反向）方向运动，所形成的轨迹是直线，通过两点只能引出一条直线。

（2）曲线：弧线、抛物线、双曲线、圆、波纹线（波浪线）、蛇形线等。曲线在《辞海》中释意为：在平面上或空间中因一定条件而变动方向的点的轨迹。

由于线本身具有很强的概括性和表现性，线条作为造型艺术的最基本语言，被人们关注。中国画中有"十八描"的种种线形变化，还有"骨法用笔"、"笔断气连"等线形的韵味追求。学习绘画总是从线开始着手的，如速写、勾勒草图，大多用的是线的形式。在造型中，线起到至关重要的作用，线不仅是决定物象形态的轮廓线，而且还可以刻画和表现物体的内部结构，比如，线可以勾勒花纹肌理，甚至可以说，物象的表情也可以通过线来传达。

威廉·贺加斯在《美的分析》一书中写道：直线只是在长度上有所不同，因而缺少装饰性。直线与曲线结合，成为复合的线条，比单纯的曲线更多样，因而也更具有装饰性。波纹线，是由于由两种对立的曲线组成，变化更多，所以更具有装饰性，更为悦目，贺加斯称之为"美的线条"。蛇形线，由于能同时以不同的方式起伏和迂回，能以令人愉快的方式使人的注意力随着蛇形线的连续变化而移动，所以被称为"优雅的线条"。贺加斯还谈道，在用钢笔或铅笔在纸上画曲线时，手的动作都是优美的。

曲直、浓淡、多变的线是造型艺术强有力的表现手段，这类线条是形象和画面空间中最具表情和活力的构成要素，也是古今中外艺术家一直钟爱的视觉表现元素。美学家杨辛在谈到新石器时代的半山彩陶时写道："它的图案装饰是线，由单一的线发生出各种不同的线，如粗线、细线、齿状线、波状线、红线、黑线，等等，运用反复、交错的方法，把许多有规律的线组合在一起，使人感到协调，好像用线条谱成无声的交响乐。"

点的扩大、线的加宽、点和线的集合都能产生出面的感觉。

面的形态可分为：几何形态、有机形态、偶然形态、不规则形态等。

（1）扩大的点形成了面，一根封闭的线造成了面。密集的点和线同样也能形成面。在形态学中，面同样具有大小、形状、色彩、肌理等造型元素，同时面又是"形象"的呈现，因此面即是"形"。

（2）面的种类通常可以划分为下述四大种类：

①几何形：也称为无机形，是用数学的构成方式，由直线或曲线，或直曲线相结合形成的面。如特殊长方形、正方形、一般长方形、三角形、梯形、菱形、圆形、五角形等，具有数理性的简洁、明快、冷静和秩序感，被广泛地运用在建筑、实用器物等造型设计中。

②有机形：是一种不可用数学方法求得的有机体的形态，富有自然发展，亦具有秩序感和规律性，具有生命的韵律和纯朴的视觉特征。如自然界中的鹅卵石、枫树叶和生物细胞、瓜果外形以及人的眼睛外形等都是有机形。

③偶然形：是指自然或人为偶然形成的形态，其结果无法被控制，如随意泼洒、滴落的墨迹或水迹，树叶上的虫眼，无意间撕破的碎纸片等，具有一种不可重复的意外性和生动感。

④不规则形：是指人为创造的自由构成形，可随意地运用各种自由的、徒手的线性构成形态，具有很强的造型特征和鲜明的个性。

（3）面的构成。当两个或两个以上的面在平面空间（画面）中同时出现时，其间便会出现多样的构成关系。面的构成即形态的构成，也是平面构成中需要重点学习和掌握的。如图 3.16 所示。

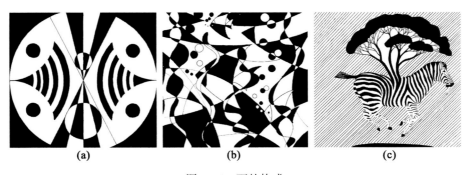

(a)   (b)   (c)

图 3.16 面的构成

如图 3.17 所示，面与面之间的关系概括如下：

①分离：面与面之间分开，保持一定的距离，在平面空间中呈现各自的形态，这里空间与面形成了相互制约的关系。

②相遇：也称为相切，是指面与面的轮廓线相切，并由此而形成新的形状，使平面空间中的形象变得丰富而复杂。

③覆叠：一个面覆盖在另一个面之上，从而在空间中形成了面与面之间的前后或上下的层次感。

④透叠：面与面相互交错重叠，重叠的形状具有透明性，透过上面的形可视下一层被覆盖的部分，面与面之间的重叠处出现了新的形状，从而使形象变得丰富多变，富有秩序

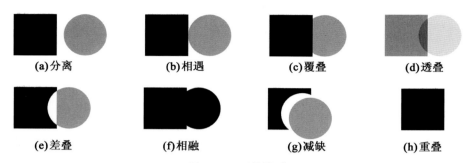

(a)分离　　　(b)相遇　　　(c)覆叠　　　(d)透叠

(e)差叠　　　(f)相融　　　(g)减缺　　　(h)重叠

图 3.17　面的关系

感，是构成中很好的形象处理方式。

　　⑤差叠：面与面相互交叠，交叠而发生的新形象被强调出来，在平面空间中可呈现产生的新形象，也可让三个形象并存。

　　⑥相融：也称为联合，是指面与面相互交错重叠，在同一平面层次上，使面与面相互结合，组成面积较大的新形象，面与面相融会使空间中的形象变得整体而含糊。

　　⑦减缺：一个面的一部分被另一个面所覆盖，两形相减，保留了覆盖在上面的形状，又出现了被覆盖后的另一个形象留下的剩余形象，一个意料之外的新形象。

　　⑧重叠：相同的两个面，一个覆盖在另一个之上，形成合二为一的完全重合的形象，其造成的形象特殊表现，使其在形象构成上已不具有意义。

　　（4）面的表情。面的表情呈现于不同的形态类型中，在二维的范围中，面的表情总是最丰富的，画面往往随面（形象）的形状、虚实、大小、位置、色彩、肌理等变化而形成复杂的造型世界，面的表情是造型风格的具体体现。

　　在"面"中最具代表性的"直面"与"曲面"所呈现的表情：直面（一切由直线所形成的面）具有稳重、刚毅的男性化特征、其特征程度随其诸因素的加强而加强。曲面（一切由曲线所形成的面）具有动态、柔和的女性化特征，其特征程度随其诸因素的变化而加强（或减弱）。

　　点、线和面之间的关系如图 3.18 所示。

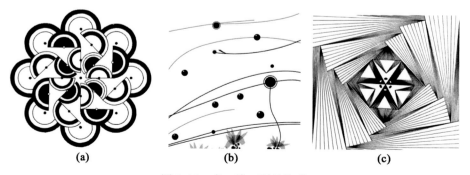

(a)　　　　　　　(b)　　　　　　　(c)

图 3.18　点、线、面的构成

①点最重要的功能在于表明位置和进行聚焦，点与面是通过比较而形成的，同样一个点，如果布满整个或大面积的平面，它就是面了，如果在一个平面中多次出现，就可以理解为点。

②点与点之间连接形成线，或者点沿着一定方面规律性的延伸可以成为线，线强调方向和外形。

③平面上三个以上点的连接可以形成面，同时，平面上线的封闭或者线的展开也可以形成面，面强调形状和面积。

以上 3 点可以概括总结点、线与面之间的微妙关系。

3.1.4 从具象到抽象

抽象形是一种很好的图形表现手法，学会从具体的形象中跳出来去诠释设计的主题，人们会发现一种别样的设计趣味。特别是对于某些比较抽象的设计主题，比如爱情、城市印象、味道，等等，抽象形的表达便显得更加游刃有余。

德国著名设计师克劳德·海瑟也经常采用抽象的点、线、面来表现相关的设计主题。比如设计讲座、2006 年德国足球世界杯以及武汉印象。特别是 2011 年海瑟应邀参加武汉印象海报展的作品"红线中的发现之旅"摒弃了"黄鹤楼""龟山电视塔"等具象的图形符号，从个人感受出发，运用线条的凌乱疏密，以及蓝线与红线的对比表达了一个城市形象的主题。在众多展览作品中脱颖而出，给观众留下了深刻的印象。这无疑是抽象图形的表现魅力所致。如图 3.19 ~ 图 3.21 所示。

图 3.19　讲座海报设计

图 3.20　2006 年德国足球世界杯视觉设计

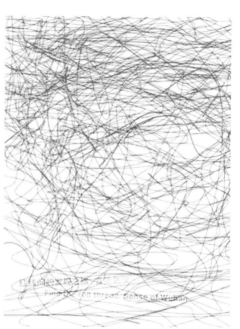

图 3.21　武汉印象海报展

　　招贴设计大师尼古拉斯则将抽象的点、线、面与具体形象完美地结合起来（如吹奏乐器的乐手、乐器等）。初看大师的招贴视乎只是一些轻松堆砌的线条，仔细品味却能发现一些具体的形象。这些作品使得观众无不啧啧称奇、拍手叫绝。这正是抽象图形的魅力之所在。如图 3.22、图 3.23 所示。

　　案例 3.1：学生作品，如图 3.24 所示。

　　设计的题目为《都市畅想》英文名为《Modern Legend》，学生将都市与季节结合起来，不仅设计了一系列招贴，并围绕这一主题设计四本书籍，而每一本不同季节的书名加上了各自季节的英文，例如春天就是《Modern Legend spring》，这样更直观明显地表达了内容的划分。

　　在封面的设计上学生追求一种简单又不失时尚的感觉，并结合四季的特征。在海报、平装书籍封面、折页与部分书签里都结合了同一种主打的元素，主要是通过不同的形状重复组合及其他效果完成。春天用花的抽象形态来不断重复拼贴，色彩偏多彩，主色为绿色。夏天用水果的抽象形态不断重复拼贴，色彩偏红色，表达一种夏日炎炎不失活泼的感觉，主色为红色。秋天通过果实累累的初步想法延伸到宝石累累，有一种丰韵的感觉，用同样的方式组合，主色调为金灿灿的黄色。冬天则是以冰为主体形态，整体一种冷魅的感觉，主色为蓝色。除此外用不同的布料与季节结合，也正好结合了书中的题材内容与流行趋势。以丝绸、蕾丝、毛线及皮草代表春夏秋冬。通过一系列的元素结合，更为明显的表达主题，但又不直白。朦胧的透露着信息，更有一种神秘感。

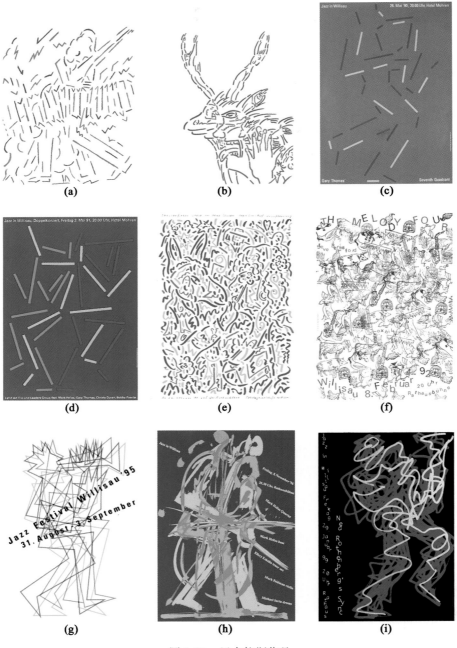

图 3.22　尼古拉斯作品

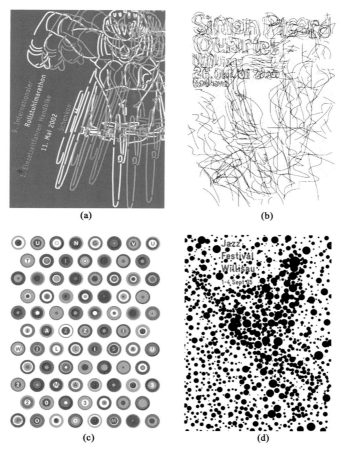

图 3.23　尼古拉斯作品

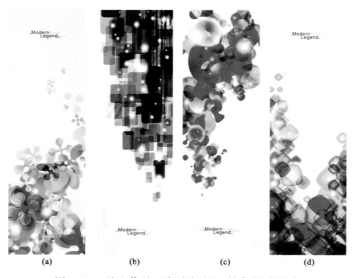

图 3.24　学生作品《都市畅想》抽象招贴设计

§3.2 从二维走向三维

3.2.1 二维与三维

"维"有系、连接之意，作为一种有物理色彩的，以空间性质为呈示方式的视觉体验方式，维度的变化具体可感地表达了视觉与对象之间的形态与关系。视觉艺术一般划分为二维、三维、四维、五维等。二维是只表达高与宽的平面形态，三维是表达高、宽于深度的立体形态；四维是在三维的基础上加上时间因素后所呈现的多个面的综合形态；五维是不同时间和空间中的不同物象出现于同一平面中的景观形态。

不同维度表明了不同的观察与体验方法，作为现代意义上的平面设计而言，从二维的形态中挣脱出来，开始走向多维视觉设计的征程。

"平面不平"赋予了现代平面设计新的内涵，可以说人们所认为的平面设计早已不是原来的那个概念了，取而代之的是"视觉设计"这个概念，"平面"只是相对于立体的一个概念，而现今的设计已经慢慢模糊了这样一个概念，只要能产生良好的视觉效果，任何表现形式都是被允许的，图形的设计也不仅仅存在于二维之中。

3.2.2 视觉大师的三维思考——从埃舍尔到福田繁雄

拥有良好的三维思考方式更加有利于图形的视觉表达。从画家埃舍尔到设计大师福田繁雄，无不通过他们构建出的画面多维空间证明他们拥有天才般的头脑。

1. 摩里茨·科奈里斯·埃舍尔

首先我们还是来温习一下第1章中提到的荷兰艺术家——摩里茨·科奈里斯·埃舍尔M. C. Escher（1898—1972）。他把自己称为一个"图形艺术家"，并专门从事于木版画和平版画。如图3.25所示。

埃舍尔游览西班牙时，被摩尔人建筑上的装饰图案所吸引，那些规则的互为背景的彩色图案，看上去简洁明了，甚至略显得单调。但这些图案在埃舍尔的脑子里却打开了具有无穷变换空间的版画世界的大门。他说，仅仅是几何图形是枯燥的，只要赋予它生命就其乐无穷。于是，在规整的三角形、四边形或六边形中，鱼、鸟和爬行动物们互为背景，在二维空间和三维空间相互变换，成为他一个时期热衷的创作主题，并成为他终身百玩不厌的游戏。那些变形系列、循环系列和他的《昼与夜》令他一下子闻名世界。但这还仅仅是他创作成就的一部分。

埃舍尔是一名无法"归类"的艺术家。他的许多版画都源于悖论、幻觉和双重意义，他努力追求图景的完备而不顾及它们的不一致，或者说让那些不可能同时在场者同时在场。他像一名施展了魔法的魔术师，利用几乎没有人能摆脱的逻辑和高超的画技，将一个极具魅力的"不可能世界"立体地呈现在人们面前。他创作的《画手》、《凸与凹》、《画廊》、《圆极限》、《深度》等许多作品都是无人能够企及的传世佳作。

2. 福田繁雄

M. C 埃舍尔的作品曾在日本展出，这位当时被无法归类的艺术家，运用大自然与数学的奇妙设计，创造了不可能存在的世界，让福田繁雄着了迷，他专门去了荷兰研究埃舍

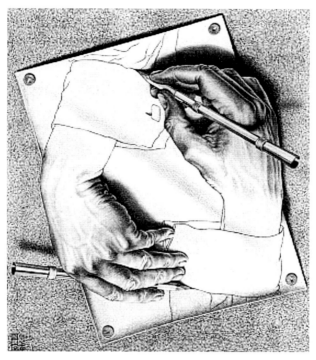

图 3.25 绘画的手

尔的艺术设计，最后也成长为一位世界认可的平面设计大师。如果说大师 M. C 埃舍尔的"魔幻绘画"是一个奇迹，而在其绘画的影响下诞生了另一位图形创意大师福田繁雄更是一个奇迹中的奇迹。

　　矛盾空间通常是利用人们视点的转换和交替，在二维平面上表现三维立体形态，但在三维形态中又显现出模棱两可的视觉效果，从而造成空间的混乱，产生了介于二维与三维两种状态之间的空间状态。福田对矛盾空间手法的掌握和运用，是其在错视原理上的又一成就。他运用错视原理，将二维空间与三维空间产生错综复杂的结合，使构思与表现达到完美契合，创造出神秘而不可思议的视觉世界，使观者在趣味中体会作者的创作意图。如1987 年在《福田繁雄招贴展》的招贴设计中，福田将静止坐在台前的人的四个不同视角的状态，表现于同一画面，用单纯的线、面造成空间的穿插，大面积的黄色与人物黑色剪影对比，使整个画面产生强烈的视觉效果。这种空间意识的模糊，在视觉表现上具有多重意义的特性。如图 3.26 所示。又如，1999 年福田为日本松屋百货集团创业 130 周年的庆祝活动设计的海报，在同一画面中呈现两个视角不同的人形，一个是仰视的角度，一个是俯视的角度，由此产生了视觉的悖论，从而带来视觉趣味如图 3.27 所示。福田不断探寻立体空间的平面表现、平面表现的立体还原所带来的流变与建构，他从空间与人的关系、作品和观者的关系之中去发掘设计的无限可能。通过对矛盾空间视幻原理的阐释，他创造出一个集结视觉引力、视觉趣味与多重内涵的视觉世界，搭建起福田所观所思的世界与观者之间的桥梁。

(a)　　　　　　　　　　　　(b)

图 3.26　福田繁雄海报作品

图 3.27　日本松屋百货集团创业 130 周年的庆祝活动设计海报

3.2.3　矛盾空间——从二维到三维的延伸

从二维到三维的延伸打破了人们的视觉习惯，从而达到了吸引人们眼球的目的。这种手法在许多商业广告，特别是户外广告的表现中应用十分广泛，如图 3.28 所示，Bustop 内衣广告，在二维的户外广告牌上面贴上飘动的裙摆，随风掀开的裙摆里面却隐藏着广告的创意。印度 Mccann-Erickson 广告公司创作的 Big Babol 泡泡糖的户外广告也是如此，平面的广告牌完全置身于三维的环境之中，赚足了观众的眼球。如图 3.29、图 3.30 所示。

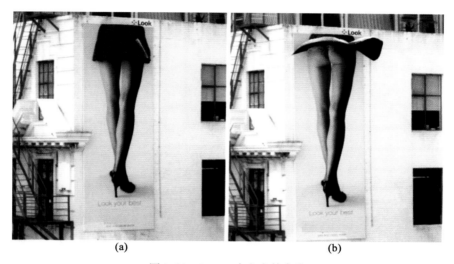

(a)　　　　　　　　　　　　　(b)

图 3.28　Bustop 内衣户外广告

图 3.29　泡泡糖户外广告

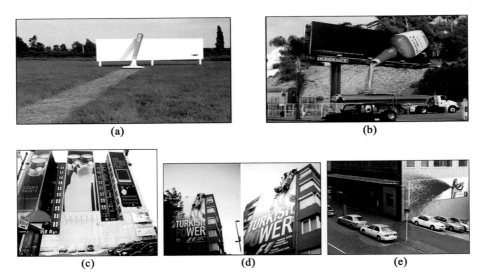

图 3.30　二维延伸到三维的户外广告作品

案例 3.2：学生作业，如图 3.31 ~ 图 3.33 所示。

(a)万蒙　　　　　　　　　　　　　(b)万蒙

(c)万蒙　　　(d)兰津　　　(e)薛志琳　　　(f)彭茜妮

图 3.31　学生作业"可乐瓶"创意图形

（其他学生作业案例）如图 3.32 所示。

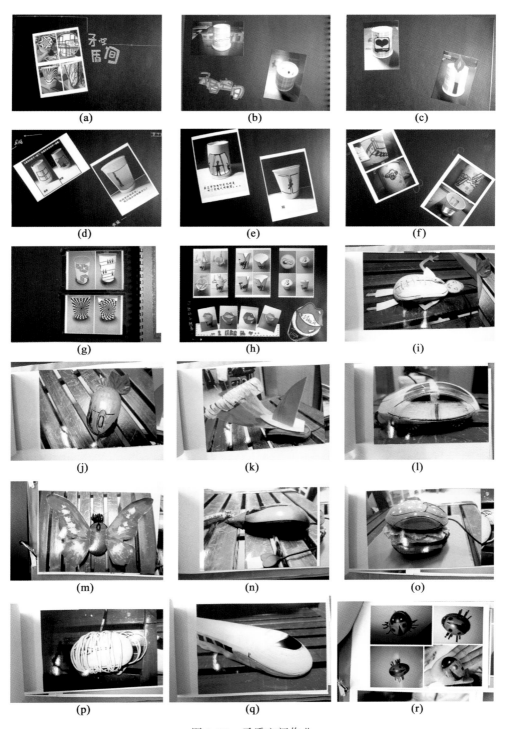

图 3.32　矛盾空间作业

(a)书与手   (b)书与书

图 3. 33   冈特兰堡作品

§3.3   从加法做到减法

"加法"、"减法"通常是指一对数学运算概念。有时候,也被运用于日常生活中,表示处理事情的一种方法、理念或态度。

我们这里谈到的"加法",即图形创意结合的并使之巧妙的方法。这一方法对设计作品来说显得尤为重要。马泉老师说"好的创意需要恰当的表现形式",这也许是设计人的共识。创意的核心也被诠释为"旧的元素、新的组合"。(马泉著:《广告图形创意》,湖北美术出版社,2003 年 1 月第 1 版,第 72 页)

元素组合方式也是多样的、丰富的,这里我们将共同学习几种设计师常用的"加法"。

3. 3. 1   同构

所谓同构图形,是指两个或两个以上的图形组合在一起,共同构成一个新图形,这个新图形并不是原图形的简单相加,而是一种超越或突变,形成强烈的视觉冲击力,给予观者丰富的心理感受。这种新图形已经成为一种主要的图形创意形式,被越来越多的平面设计师所应用,特别在招贴设计上。

格式塔心理学家的试验表明,当一种简单规则的形呈现在人们眼前时,人们会感觉极为平静,相反杂乱无章的形使人产生烦躁之感,而真正引起人们兴趣的形,则是那种介于两者之间的、稍微背离规则的图形,这种图形先是唤起观者一种注意或紧张,继而是使观者对其积极地组织,最后是组织活动完成,开初的紧张感消失。这是一种有始有终、有高潮、有起伏的体验,是能引起观者审美愉悦的审美经验。由此人们推导出同构图形的原则:用日常生活中人们熟悉的图形,以一种新的、前所未有的同构方式加以组合,正所谓

"旧元素、新组合"。通过这种同构方式得到的新图形使人们既熟悉又陌生，会引发观者极大的好奇心，从而使招贴的视觉传达变得更加顺畅和自然。

从不同的视点，将两个不同的元素与相关的元素，巧妙的组合起来。图形同构的方式，关键在于视点的独特和结合的巧妙。值得一提的是德国著名视觉设计大师冈特·兰堡的作品，书与手，书与书的同构，视点独特，结合巧妙。确实不愧为"国际著名设计大师"之作。如图3.33所示。

案例3.3　同构图形表现如图3.34~图3.36所示。

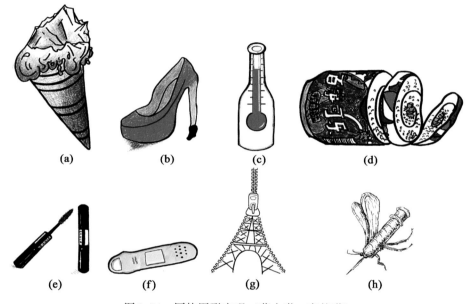

图3.34　同构图形表现（薛志琳、李梦琪）

3.3.2　元素替代

元素替代——保持图形的基本特征，物体中的某一部分被其他相似的形状所替换的一种异常组合形式。元素替代的方式在图形创意中的运用是非常广泛的，将物体的某一部分用其他相似形状替代也很方便，在实际应用时，除了考虑形状相似感外，更应注重"意"的成分。力求作品除了形式的奇特，更能留下耐人寻味的余味。

图3.36是非常经典的例子，林家阳教授对这幅作品推崇备至，也借其对我国的设计教育大发感慨：拿这幅作品做典型例子，是让大家明白我国以往美术基础教育的缺憾。

案例3.4　"元素替代"学生作业，如图3.37、图3.38所示。

3.3.3　正负图形

正负图形是指正形与负形相互借用，造成在一个大图形结构中隐含着两个小图形的情

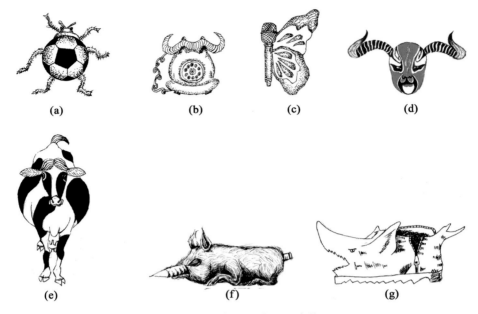

图 3.35　同构图形表现（俞静）

马格里特作品

图 3.36　同构图形表现

况。一般来说，展现图形必须具备图形和衬托图形的背景两部分。属于图形的部分称为"图"，背景的部分称为"地"，"图"具有明确的视觉形象和较强的视觉张力，"地"则给人以虚幻、模糊之感，从空间关系上来说，"图"在前而"地"在后。但是，如果把"图"与"地"之间的分界线进行巧妙的处理，变成两者都可使用的共用线，便会产生一种时而为图形，时而为背景的现象，这就形成了正负图形。

简而言之，即正形与负形相互利用。在一种线型中隐含着两种各自不同的含义。这是

图 3.37 "元素代替"学生作业（高劼、刘芳）

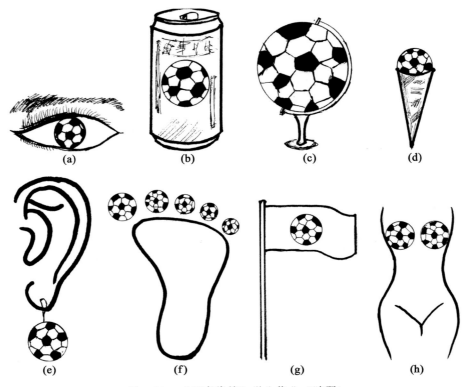

图 3.38　"元素代替"学生作业（陈翼）

一种很巧妙的图形结合方式，其可使图形达到简洁，但寓意深刻、丰富的效果。如图 3.39 所示，中国的太极图便是很好的案例。福田繁雄亦是这方面的高手，他的作品都是很经典的例子，如图 3.40 所示。林家阳教授对其评价为"绝妙之极，不循常理。"作者觉得恰如其分。

图 3.39　太极图

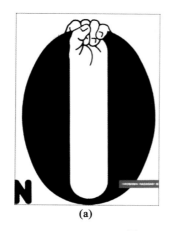

(a)　　　　　　　　　　　　　　(b)

图 3.40　福田繁雄作品

案例 3.5　　"正负图形"图形表现如图 3.41～图 3.44 所示。

(a)薛志琳　　　　　　　　(b)蓝佩文　　　　　　(c)蓝佩文

图 3.41　　"正负图形"图形表现

3.3.4　影子图形

　　影子是物体在光的作用下产生的投影，改变影子的形象，呈现出与原物体不同的对应物，创造出一种新的视觉形象的组织形式。形与影的呼应，能产生出新颖、奇特、意味深刻的效果。如图 3.45 所示。

　　影子图形的创意也被称为异影图形，关键是要把握主体物与其影子之间的关系，让人乍眼看去是主体物的影子，但仔细看就不一样，比如，有一对年轻的情侣在挽着手走路，但折射在墙上的影子是一对年迈的老夫妻拄着拐杖走，这就与主题物产生了反差，但两者之间还是存在着密切的联系，让人产生联想。一个男人的身体，但他的影子是一个女人。

图 3.42 "正负图形"图形表现（徐妍妍）

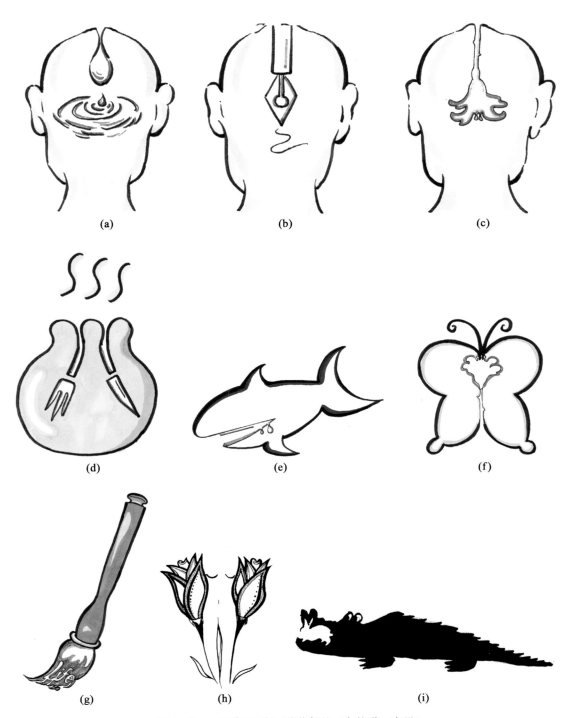

图 3.43 "正负图形"图形表现（李梦琪、李思）

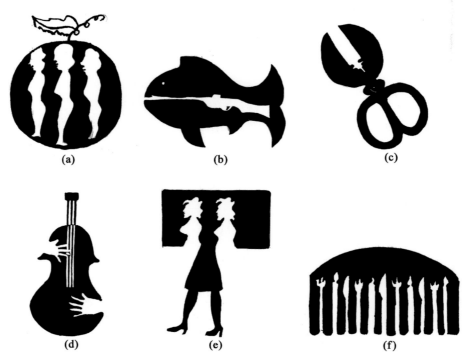

(a)　　　　　　　　(b)　　　　　　　　(c)

(d)　　　(e)　　　　　　(f)

图 3.44　　"正负图形" 图形表现（彭茜妮）

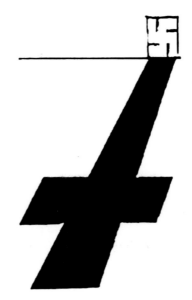

图 3.45　影子图形

所谓图形创意，就是让人意想不到的，读者可以去一些设计网站寻找灵感。

　　案例 3.6　"影子图形"表现作品，如图 3.46 ~ 图 3.50 所示。

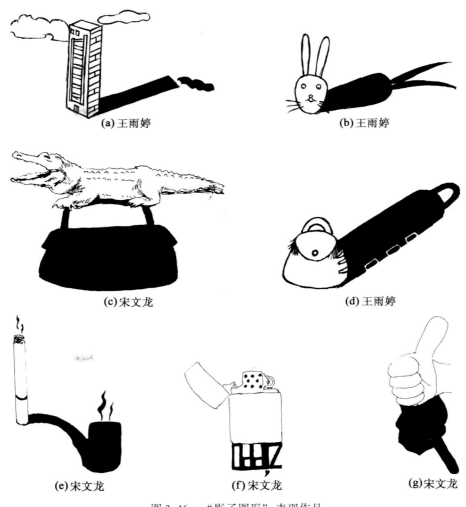

图 3.46　"影子图形"表现作品

3.3.5　元素的叠加

　　元素的叠加，是将两个相关、相似的元素通过叠加的方式结合在一起，通过对比、联系、表现某一主题。如图 3.51 所示，设计师刘小康的作品，其将运动员与腾飞的龙巧妙叠加就是很好的例子。这个方式意在巧妙，决不能生硬的叠加，不然就失去了创意的魅力。

3.3.6　元素的切割重组

　　元素的切割重组，是将两个或多个元素切割后，将部分进行打散，分解重新组合。要

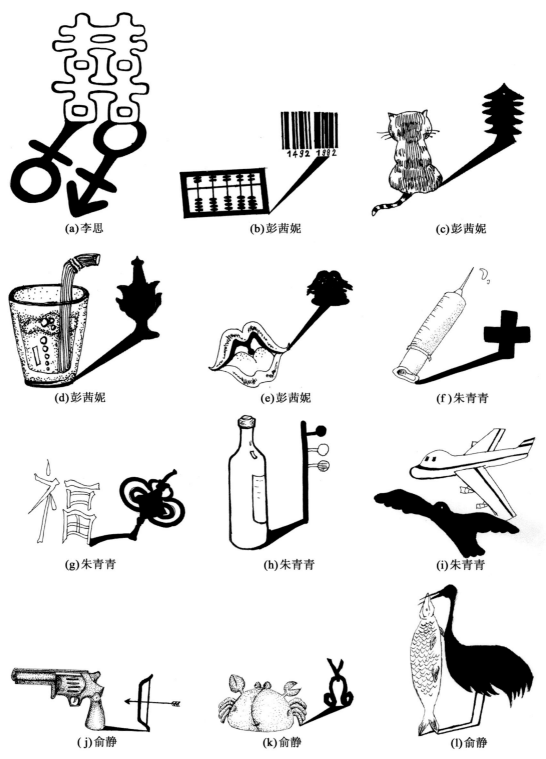

(a)李思　　　(b)彭茜妮　　　(c)彭茜妮

(d)彭茜妮　　　(e)彭茜妮　　　(f)朱青青

(g)朱青青　　　(h)朱青青　　　(i)朱青青

(j)俞静　　　(k)俞静　　　(l)俞静

图 3.47　　"影子图形"表现作品

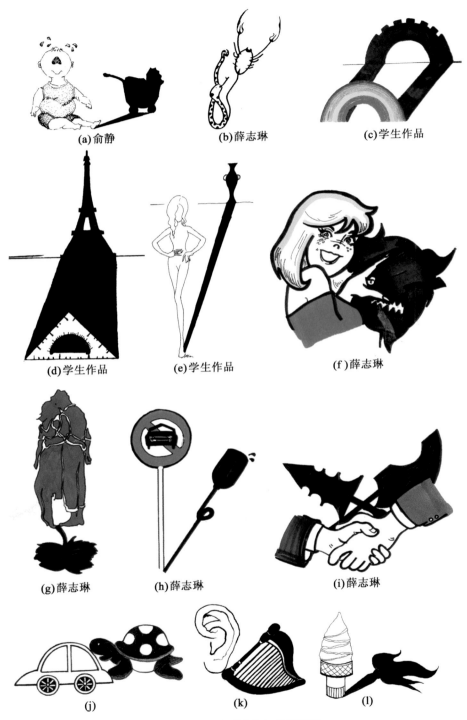

(a)俞静　　(b)薛志琳　　(c)学生作品

(d)学生作品　　(e)学生作品　　(f)薛志琳

(g)薛志琳　　(h)薛志琳　　(i)薛志琳

(j)　　(k)　　(l)

图 3.48　"影子图形"表现作品

(a)李梦琪　(b)李梦琪　(c)李梦琪　(d)李梦琪　(e)李梦琪　(f)李梦琪　(g)徐妍妍　(h)徐妍妍　(i)徐妍妍　(j)徐妍妍　(k)李梦琪　(l)李梦琪

图3.49　"影子图形"表现作品

(a)李梦琪　　　　　　(b)李梦琪　　　　　　(c)杨蕾

(d)杨蕾　　　　　　(e)杨蕾　　　　　　(f)杨蕾

(g)陈托　　　　　　(h)陈托　　　　　　(i)陈托

(j)陈托　　　　　　(k)王雨婷

图 3.50　"影子图形"表现作品

求不仅在形式上求变化，在内容上更应求新、求变、求刺激。西安美术学院的刘西莉老师的作品——指针，就是这方面探索的例子，如图 3.52 所示。林家阳教授的招贴——中德之桥，将歌德与孔子切割后重组的图形也是很好的例子。如图 3.53 所示。

　　案例 3.7　元素的切割与重组如图 3.54 所示。

图 3.51　2008 申奥招贴（刘小康作品）

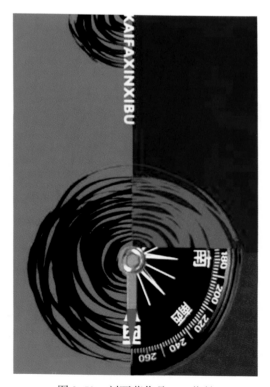

图 3.52　刘西莉作品——指针

图 3.53　林家阳招贴——中德之桥

图 3.54　元素的切割与重组（吴佳钰）

§3.4 观点——方法的最高境界是 "无法"

3.4.1 方法是思维的延伸

我们所列举的方法是有限的，但是思维却是可以无限延伸的。创造性的思维更是可以直接刺激新方法的诞生。从这个意义上讲，方法确实是思维的延伸。如此一来，培养学生创造性的思维远比教授学生一些固定的方法要强许多。

3.4.2 方法的最高境界是 "无法"

道家讲 "有"、"无"，在 "道" 面前 "有" 即是 "无"，"无" 便是 "有"。对于艺术创作而言，方法研究到最后，都会升华到顺其自然的境界。

拓展练习题 3

1. 作业：以 "都市畅想" 为题创作一系列招贴（一个系列至少 4 张）。

目的：训练学生抽象直觉想象的能力；点、线、面以及色彩的表达能力。

要求：运用点、线、面元素进行抽象的视觉表达，可以单独用点、线、面元素，也可以综合运用。

2. 作业：以 "可乐瓶" 为载体创作创意图形（至少 12 个）。

目的：训练学生三维空间的想象能力；手绘表现能力。

要求：图形中注重空间的矛盾；创意独特；表现精致。

3. 作业："同构" 图形表现。

目的：训练学生图形同构表现手法的掌握程度。

要求：以 30 分钟为限，想出至少 20 个同构图形；选择其中最棒的 5~8 个图形，绘制成正稿。元素想象要求巧妙，能做到 "形似" 或 "意合"。

4. 作业："元素替代" 图形表现。

目的：训练学生 "元素替代" 图形表现手法的掌握程度。

要求：以 30 分钟为限，想出至少 20 个同构图形；选择其中最棒的 5~8 个图形，绘制成正稿。元素想象要求巧妙，能做到 "形似" 或 "意合"。

5. 作业："正负图形" 的图形表现。

目的：训练学生 "正负图形" 图形表现手法的掌握程度。

要求：以 30 分钟为限，想出至少 20 个同构图形；选择其中最棒的 5~8 个图形，绘制成正稿。元素想象要求巧妙，能做到 "形似" 或 "意合"。

6. 作业："影子图形" 的表现。

目的：训练学生 "影子图形" 表现手法的掌握程度。

要求：以 30 分钟为限，想出至少 20 个影子图形；选择其中最棒的 5~8 个图形，绘制成正稿。元素想象要求巧妙，能做到 "形似" 或 "意合"。

7. 作业："元素叠加" 的图形表现。

目的：训练学生"元素叠加"图形表现手法的掌握程度。

要求：以 30 分钟为限，想出至少 20 个叠加图形；选择其中最棒的 5 ~ 8 个图形，绘制成正稿。元素想象要求巧妙，能做到"形似"或"意合"。

8. 作业："切割重组"的图形表现。

目的：训练学生"切割重组"图形表现手法的掌握程度。

要求：以 30 分钟为限，想出至少 20 个"切割重组"图形；选择其中最棒的 5 ~ 8 个图形，绘制成正稿。元素想象要求巧妙，能做到"形似"或"意合"。

第4章 游刃有余·课题

【阅读导言】

1. 本章内容：本章围绕"设计课题"进行演绎，通过设计过程、创意思路的展示，启发学生的图形创意思维。通过实实在在的案例来解析一幅幅设计作品中的图形是如何从思维到方法，从发散到收敛组合的过程。

2. 学习要点：注重在设计过程演绎中的体会。

3. 学习方法：学会阅读案例、剖析作品产生的思路以及学习设计的方法。

§4.1 图形与文字——粉墨登场 "为教师作品展而设计" 招贴设计

4.1.1 课题说明

课题粉墨登场是为学院教师节展览而设计的一系列招贴，以下展示的是"以粉笔为元素"而设计的部分。设计者选用粉笔与英文字母"Design for teacher's show"作为设计元素，使二者巧妙地结合在一起，共同表现"为教师作品展而设计"这一主题。如图4.1所示。

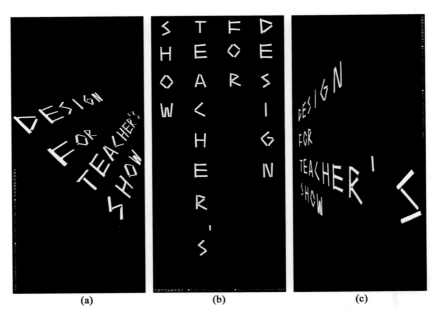

(a)　　　　　　　(b)　　　　　　　(c)

图4.1　为教师作品展而设计系列招贴设计（黄亮）

作者采用摄影实拍的方式获取图形，将摆设粉笔的过程也记录下来，用实际行为践行了"为教师作品展而设计"这一主题。成为招贴设计展览的一部分。如图 4.2 所示。

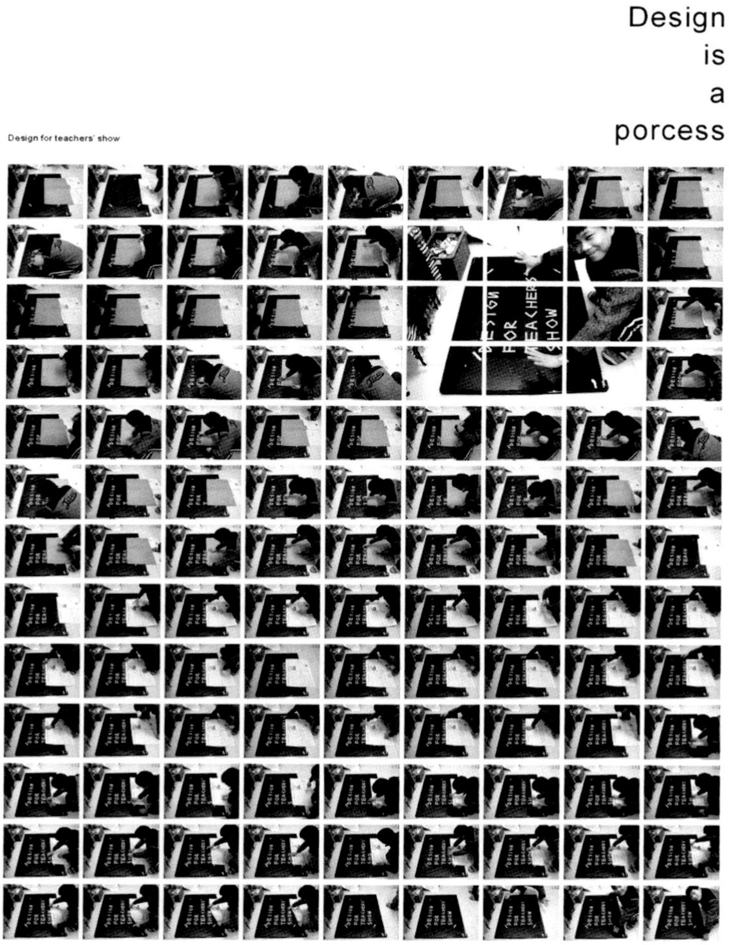

Design
is
a
porcess

Design for teachers' show

图 4.2　设计本身就是个过程（黄亮）

4.1.2　设计过程

1. 紧扣主题、发散思维

拿到主题，首先要做的便是发散思维，或者打开设计者的思维。领悟主题、理出关键词自然是必不可少的步骤。面对这一主题——"为教师作品展而设计"，设计者能想到些什么呢？粉笔、字母、黑板都是与教师相关的元素。

2. 完善画面、寻求方法

当思路被打开，无数的视觉元素将充斥着设计者的大脑。接下来的工作便是从这些视觉元素"碰撞"出创意的火花，以形成一个完整的画面。如此一来，那些创意图形的方法便有了作用。

作者选择了粉笔与字母作为创意的元素，按照粉笔的特性，设计了主题字母，并将制作的过程用照相机记录下来。如图 4.3 ~ 图 4.6 所示。

图 4.3　材料准备

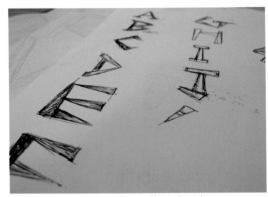

图 4.4　粉笔字体设计研究

图 4.5　粉笔切割

图 4.6　粉笔字体制作

　　最后，作者在拍摄的大量照片中选择了表现主题的三个角度进行排版制作了三张主题海报。如图 4.7 ~ 图 4.9 所示。

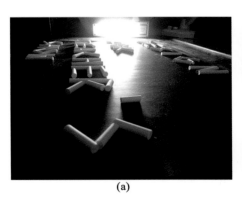

(a)

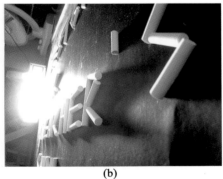

(b)

图 4.7　字体拍摄花絮

图 4.8　字体拍摄花絮

图 4.9 字体拍摄花絮

§4.2 图形的错觉——"你被设计了" 主题图形设计

4.2.1 课题说明

如图 4.10 所示,"你被设计了" 是学生以图形的空间趣味性为探索出发点,而设计的一套空间展示作品。整个作品由七对矛盾的图形所构成,七扇门的反面是意想不到的七个画面,给观众一个有趣的视觉阅读体验。同时,我们也不禁发现,你所看到的影像并非是你想象的那个样子,从而表现主题——"你被设计了"。

图 4.10

4.2.2 设计过程

1. 紧扣主题、发散思维

主题的产生是由学生一张不经意的图形创意作业引发的，这种矛盾和冲突的视觉表现最后成为了学生毕业设计作品"你被设计了"主要创作方式，围绕"你被设计了"这一主题，学生们展开了一系列的图形发散，最后锁定在五组正反矛盾的图形上。设计小组成员还专门记录下创作的点点滴滴，给我们展示一个详细的创作思路。如图 4.11 ~ 图 4.26 所示。

图 4.11

(a)

(b)

图 4.12

你被设计了"主题的诞生

导师见面会

指导老师：周承军 郑翠仙 黄亮
出席人：06广告全体同学
时间：2009年12月10日
地点：0310教室
会议内容：

　　今天早早的就来到了教室，说早的概念当然是较之前上课的时间要早，平时这浩大的场面也难得见，呵呵，这就足以说明我们对毕业设计的重视程度，之前对于毕业设计我们也做了很多预备遐想，总想把自己有创意的想法付诸行动，真正落实到实践中。所以报了很大的希望向指导老师来求证。

　　带我们毕业设计指导的一个是湖工设计院的资深老师，当然也指导过多届优秀的作品，我们的第一次见面他带了几套优秀的毕业作品给我们看，然后一一讲解，让我们大致了解了做毕业设计的基本流程和时间安排，让我们尽早的选好自己想做的题材，然后有方向的为后面的工作扩展，即使老师们很全面的让我们了解了，但是我还是觉得一头雾水，不知从何做起，看的出别的同学也是这样，因为她们的疑问全部凝结在脸上了，不过，这次会议让我们对毕业设计的认识又提升了一个阶段．．．

④

第一次会议

出席人：指导老师 全体同学
时间：2009年12月17日
地点：0310
会议内容：

　　今天是毕业设计开的第一次会议，由上次会议后，一个星期的时间我们也在网上和书籍上搜索了大量的有关资料，同学们主题的提出也是五花八门的，不过，能够确定的是，为了推崇不一样的毕业设计，都有各自的另类和大胆，当然，有被肯定的，也有被否决的，否决的理由并不是没有想法，而是难以表现和实施，落实到实处可能超出了我们能够承受的范围。老师也给了我们一些可实行的主题供我们参考。

　　这次会议还有个重要的事情就是分组，为了考虑到这一项庞大的工程，老师决定我们可以分成几个小组，13人成一组，教室正里热闹的讨论时我和朱琦很自然的成为了一组。

(a)

你被设计了"主题的诞生

心情：兴奋、纠结

　　2009年12月17日，今天是我们第一次的主题讨论会议，那个时候想到毕业设计都会觉得相当的兴奋。之前的三年都是我们看别人做的设计，总觉得别人的好棒好棒，将来等到我们自己做的时候一定要比他们"呀"。而现在正是到了达成自己这样一个梦想的时候了。总是觉得一定要选一个会让人震惊，至少也要很新颖的主题，才能在听觉和视觉上第一个吸引到别人的注意。可是真要找到这么一个主题行动起来才知道原来是很伤脑筋的。要么就是主题太复杂不好把握，要么就是太偏离大家的集中意见，要么就是不够吸引，总之就是很不好办。

　　我们团队有4个人，但是其中就有3个人是考研大队中的一员，而眼下也正是我们的毕业设计主题裁定的时候了，我记得当时我们两个女生是住在校外复习的，所以跟其他两个男生联系起来都会有很多的麻烦，又要应付学校的课程，又要忙于复习，还要抽出时间去查资料，找一些比较新颖的有创意的题材，每个礼拜还会抽一个吃饭的时间出来大家一边吃饭一边谈毕业设计的事情。

　　起初，我们在选择主题的问题上大家都各持己见，都觉得自己的比较有做头或者是比较能达到震撼的效果等等，但是经过一次两次老师的引导之后，我们也慢慢地明确了我们的方向，最后从我们草拟出来的几个题目中，我们很快就选定了"你被设计了"作为我们的毕业设计的主题。在之后毕业设计大会上，我们的主题也是第一个被老师们肯定并且获得好评的。

　　就这样"你被设计了"的名字就从这一刻开始了！

瞧一下我们小组的帅哥美女们

⑤

(b)

图 4.13

专门为了成立小组拍的，哈哈—这感觉挺好

成立四脚猫小组

一开始找到周思军和吴巍纯属应了那句古话：男女搭配，干活不累。正好两两成双，最终成为了一组。当然，取其长处，各有各的优势。

周思军虽然平时少言谈，但是每次的专业都能独立完成，而且富有创意，这些还是其次，他的平面软件功底和手绘也是众所周知的。陈青青，认真负责的全面性人才，中意板式设计，也有在外实习的社会实践经验，对团队的整体能力更有提升。吴巍，这个家伙确实个搞怪精灵，丰富的面部表情背后必然有个卧虎藏龙的笑点，鬼点子，搞气氛中心人物。朱琦平时大大咧咧的，有着其他学设计的同学一样的通病，有时想法新颖却不着边谱，但是这种想法是可遇而不可求的。

为了给这个小组一个整体的形象，小组名字可不能忘，四个人的组合，得取个有称头和幽默的名字，最后一致通过四脚猫工作小组，附带解释的一句话：我们不是就只有三脚猫的功夫

⑥

第二次会议

出席人：陈青青 朱琦 周思军 吴巍
时间：2009年12月17日
地点：0310
会议内容：

重组后的新小组都呈现出了新的面貌，势在必行正是我们身上的特征，好了，正式切入正题，小组成员都拿出了自己的想做的主题，比如，《童心百分百》，为了寻找纯真把心中的创意及年少时的梦想描绘出来，《70 80 90》的主题也做了一番激烈的讨论，想法挺好，肯那个做出来的东西会很空洞，无法从某一个点着手，我在一个设计的官方网上无意中看到了一个大赛的选题，以环保主题为轴，《乐色》为题材，这个主题先待定，最后陈青青提出的主题让我一致通过，首先，与我们的专业相吻合，其次题目新颖独特你被设计了，这个主题的提出也是非常偶然的，是一个关于奥巴马的报道，题目是奥巴马被设计了，突发奇想的有个嫁接的设计思路，great!主题定下来了，这是个复杂且必要的过程，接下来的思路变得统一起来，经过确定初步方案之后，决定呈现展示设计，思考的侧重点放在了展示整体效果（立体）风格上，需注重宣传理念。会议的讨论结果后分配好各自做的工作，下载展示设计准备材料，明确选题题材。

(a)

设计路线茫然时期……
2009年12月18日—2010年1月14日

7

(b)

图 4.14

off

设计路线茫然时期

　　2009年12月18日，今天的毕业设计导师指导会议由于一些原因我们错过了，虽然最后还是有赶过去，但是我们并没有给老师交出一些比较有进展的内容，因为我们都开始有点犯糊涂了。我们经常没来得及交流，所以很容易导致我们各自的想法都有所偏离。加上学期末了，考试多了，考研、考四六级等"大麻烦"都迫在眉睫了，难免对毕业设计会有所疏忽。也正因为这样，我们也迟迟不见有什么进展，老师也开始催促我们。

　　眼看着就要放寒假了，我们却还一直在原地徘徊，仅仅只是确定了一个主题而已。专门为毕业设计准备的速写本，也没见我们画什么草图，只是寥寥几次会议笔记。不知道是不是因为时间还充分，不到关键时刻不足以激发我们的潜能。我个人认为是这样子的！

　　这样的状态一直持续到放寒假之前都没有好转，大家好像都陷在这样一个主题的盲区里面找不到一个合适的结合点，来表达我们的创意和思想。老师也看到我们这样的一个状态，也很为我们担心，不只是我们组，其他组跟我们的状态也都差不多。因此，离校之前老师还是开了一次指导会议，对我们的理念进行了整合。同时还给我们布置了一个很艰巨的任务，那就是过年回家要看10本跟自己主题相关的专业书，同时还要交读后感。试图以这样一个方式，来打开我们的视野。

心情：茫然、无奈

⑧

(a)

设计路线茫然时期

第三次会议

出席人：陈青青 朱琦 周思军 吴巍
时间：2010年12月26日
地点：中二食堂
会议内容：

　　中午上网的时候看到一则关于笑话，这里跟同学们分享一下，一富婆去夜总会找乐子，老板娘挑了几个帅小伙，富婆不满意。老板娘挑了几个壮小伙，富婆还不满意，老板问那富婆到底想要什么样的，富婆说要体力好、精力旺盛、能加班、能熬夜、随叫随到、吃苦耐劳老板一下乐了，张口喊：搞设计的，出来接客！哈哈，虽然附带点黄段子，但是在笑点的背后，我们更能深刻的体会设计师的不分昼夜，任劳任怨的优秀品质。说严肃了，不过这些优秀品质还有待进一步验证的．．．

中二食堂的饭还是蛮好吃的，不知道是不是地沟油。

　　好了，言归正传进入主题吧，近傍晚了，今天我们开会的地点约在了中二食堂，简单的点了些吃的边吃边聊，话题一进入就是毕业设计，好像连起码的寒暄都没走个过场。由前一次会议会议的任务我们做了个资料整合.从往届优秀毕业设计中提炼出了好的创意和思路，推出一个品牌形象设计展示，随之达到双重目的，也都提出了新的想法，从"你被设计了"这个主题入手，给我们的第一印象便是设计别人，达到一种匪夷所思的效果。接下来我们要分配任务的就是想更多稀奇古怪的创意设计，在网上搜索相关资料，多画草图。讨论的时间不长，仅一顿饭的时间，但每次的讨论都是有凝结的精华去扩张。今天之后又有的东西做了……

⑨

(b)

图 4.15

(a)

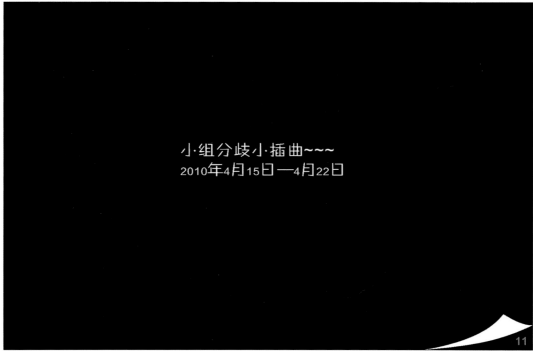

(b)

图 4.16

这是一次特殊的会议，并没有被我纳入正式的目录里面。因为，这次会议是在春节寒假回来之后开的，有点前后联系不上，但是却是一次很有意义的会议，是它帮忙把我们从春节的懒散中集中起来。

第四次会议：

出席人：陈青青 朱琦 周思军
时间：2010年3月24日
地点：商贸区榨汁茶吧
会议内容：

　　经过了一个寒假的沉淀，新的学期开始没多久，我们就开始全身心的投入到了毕业设计中，为了今天的会议，我们四脚猫工作小组又重新出动了，带来新的创意和憧憬，把之前的资料做了全面的整合。简单的寒暄了几句之后便进入了正题，大家都把年前的思路整理了一番，拿出了各自的方案，经过激烈的讨论之后，最终决定就用平面展示的方式做一系列关于你被设计了的海报，另外还有海报的延展，内容一定得新颖，有趣，古怪，创意，要让人一见到首先就被画面吸引过去，然后揣摩画内的有趣之处，那么我们的海报不止只做简单的一两组，得大规模的做一系列，先定的是八组，每个人想几个点子，周思军负责在软件上实施，这次的会议很简短，复杂的工程还在资料收集上……

⑫

(a)

～ 主题分歧小插曲

心情：激动，亢奋

　　我们的毕业设计现在已经陷入了一个茫然的局面，找准了一个主题却一直都想不出一个合适的传达方式来表达我们的想法，并能达到我们想要的效果。

　　就在毕业设计一边进行的同时，我顺便观看了轰动一时的欧美大片《2012》，之前听说视觉效果做的相当震撼就一直很想去电影院看的，总是找不到合适的机会就一直还没看。今天在宿舍想一些关于我们毕业设计主题的噱头，想以一个怎么样的话题来吸引大众的关注，想了半天也没什么动静便搁置在一边了。想说放松一下看看有什么好看的电影，也顺便找找灵感。

　　这部电影有两个多小时，但是这两个多小时让我经历过一场震撼的世界末日。看完之后我的感触很深，好像自己亲身体验过一样，而且久久我都没能从这种震撼中抽身出来。自从这部电影播出之后，外界的反响非常的激烈，而且也相继传出了很多关于印证这一传言的预兆，种种谣言都迫使人们也开始关注起世界末日的话题来，就连我的老外婆都跟我问起了世界末日的问题，而且还貌似很相信的样子。突然之间一个念头在我脑子里一闪而过，于是我们小组的分歧就在这里开始萌发了。

　　这不正是一个很好的焦点话题吗？反正也是谣言，何不借助他之前的造势也来吸引人的注意呢。而我也想把这部电影的震撼在我的毕业设计中有所表现。联系我们的毕业设计题目，于是我拟定了一个新的设计路线那就是"2012你被设计了"。想到这里我脑子里涌现出了很多画面，于是我便开始着手朝这个方向发展。我开始设计主题的标志，开始筹划整个作品的风格等等。我已经忽略了是不是应该要跟小组的队员一起商量一下这个计划是否可行了！

刚开始深入自己这个主题的时候化的一些草图和展示效果，当时比较激动……

⑬

(b)

图 4.17

(a)

心情：沮丧、欣慰

出于我个人的想法，也还没有来得及跟组员和老师交流，我自己已经展开了很多方面的材料搜集，并且一直深陷在自己一厢情愿的想法中自我感觉良好。而与此同时，另外一方的组员也开始做他们的系列海报，眼看着时间越来越少，老师也开始替我们着急起来了。

第二天又是毕业设计会议，我信心满满又带点焦虑的带着我自己的想法去了，希望能得到组员和老师的认可，周思军先就我们原来的思路给老师们展现了他所作的趣味海报，并且提出了这组海报的趣味性和原创性，利用正反面的共面给人们造成一种假象，他的点子很有意思，而且也得到了老师的认可，其实我个人也觉得挺有意思，但是总觉得视觉效果不够震撼，不足以达到让

有意思，但是总觉得视觉效果不够震撼，不足以达到让人眼前一亮的效果，而且他的展示是以一系列的海报为主，我感觉太平面了，总觉得跟我们之前想象的效果相去甚远，于是我决定最后跟老师谈一谈我的想法。

等到所有同学的内容讲完之后，我最后一个上去跟同学们分享了我的想法，令我没想到的是老师最后要我跟周思军的思路做，并不是觉得这个主题不够吸引，而是认为他的整个思路已经比较清晰了而且已经有东西出效果了，老师认为按照我的想法来做的话，整个主题就完全偏离了，而且也很难达到我们想象中的效果，起码

现在我做的东西还没能够让老师们对我有足够的把握能在这么短的时间里面完成这么大的工程。毕竟我现在所做的是一个全新的内容，如果一定要做组员也有很多合作上的事情不好配合，最后有可能两败俱伤。同学们还在"起哄"让我们分开两组做了算了，当时的心情却是很难平复的，组员也在怪我为什么当初想到要换主题的时候也没跟组员一起开会商量，如果最终大家同意做我的题目的话可以大家一起做，

做出东西来了也许老师也会欣赏的，如果大家没同意做这个主题，那么我做的东西只是在浪费时间。

最后我还是妥协了，而且也听取了老师的意见和建议，虽然小组有了分歧，但是并没有影响到我们合作的激情，虽然我的意见并没有被采纳，但是至少我们目前已经明确了我们的主题和发展路线了。

(b)

图 4.18

(a)

(b)

图 4.19

上次的会议结束后，我以最快的速度从被打击的阴影里抽身出来，然后全身心地投入到我们的毕业设计中去。事后小组成员也安慰了我一番，刚开始还有点不舒服，慢慢投入进去之后也就没往那方面想了。

为了加紧毕业设计的进度，更为了能马上改善我们小组目前的这种尴尬的状态，我们在当天的会议结束之后，也立马展开了我们自己的小组会议。大家在会议中都很坦诚的表达了自己对作品的想法和意见，也对目前的进展和所做出来的效果图进行了评论，周思军同学对自己的想法很执着，也很有自己的想法。这次毕业设计中也发现了同学们很多平时都没有发现的特点。

左边展示的几张就是思军在思考过程中的草图，他很耐心的跟我们细讲了他自己对这个设计作品的理解，我们也在一步步慢慢融合，确定了思路和主题的风格之后，我们的目标也开始变得慢慢明细起来。我们根据各自的特长和喜好对工作进行了分工，大家各负其责，朱琦和周思军负责主题海报的创意和制作，我和吴巍则负责主题展的扩展，已经过程册的设计。就这样我们的具体实施工作也开始逐步进行了。

小组会议在愉快切乐观的气氛中结束了，每次做完工作总结都会觉额我们离自己的目标又近了一步，也更添了一份信心和热情。虽然目前我们还没有一套完整的框架出来，但是我们都依然相信我们是最棒的，而且我们一定要做出我们自己最高的水平，要求是自己给自己定的，压力也是自己给自己施加的，我们只有抱着这样一个目标去做才最有可能作出最好的东西来。

我们都坚信着，这会是我们一个新的开始，也会是一个很精彩的开始，我们很在乎结果，但是我们也很享受过程。

思君同学自己想海的标志和海版的草图

⑱

(a)

思军同学自己自己独立完成的两组趣味海报

第五次会议

出席人：陈青青 朱琦 周思军 吴巍
时间：2010年4月23日
地点：0310教室
会议内容：

又是两个星期过去了，毕业设计展感觉已是迫在眉睫，加班加点的终于把两组的海报做出了样子，心里忐忑的在PPT上讲解了设计的缘由和走向，讲完之后，看得出来老师给予我们肯定的眼神，虽然嘴上没有说好，但是至少给了我们继续的信心，我们四脚猫组员的心里也算落下了一粒沙子，因此相继给予的压力也接踵而来，光是几张主题海报是不够的，还需要其他的什么东西来充实我们整个主题得展示。看了班里其他组的作品进程，都很不错，看的出每个人都花了心思。

在老师给了我们的意见之后，小组也召开了紧急会议，讨论一下接下来的工作任务，怎么样去拓宽思路和分配工作量，把每一个灵光一线的想法与组员讨论，也要依照老师的做法多画草图，抓住每一个可能想到创意的细节，我们也都知道这是一个痛苦的过程，两个星期的定位都快焦头烂额，但是想到毕业展即将开幕就又屏蔽想要逃避的想法了。

我们在商业街的蔬果饮水吧里面继续讨论着，也顺便想要做毕业设计展的预备金额给筹算，想想这也不是一笔小数目啊，在深入思想，为了这些钱我们也得拼一拼了，呵呵。。。今天的会议也到此了，到了吃饭的点顺便也相约去吃饭了，也可以再讨论讨论……又是一个忙碌但有收获的一天。

⑲

(b)

图 4. 20

前进的路是坎坷的，多番议会综合讨论
2010年5月6日—5月15日

(a)

前进的路是坎坷的，多番议会综合讨论

第六次会议

出席人：陈青青 朱琦 周思军
时间：2010年5月10日
地点：男生宿舍
会议内容：

心情：奇特

头疼 头疼！简直快做疯了，确定下来的方向没有半点可深入的头绪，先是小组碰了个面，讨论了一下除了以海报为主外，辅助的背景墙和地板 灯光等也是一个大工程，算算还有仅仅不到一个月的时间里要把这些做气派，有阵势可不是个简单的活，至于之前郑翠仙老师给我们建议的用锥形相接的方式做海报的展示，经过我们的商量最终还是推翻了。但是到目前为止我们都还没有想到一个合适的方案，大家不禁又陷入一片沉思。

周思军提出用做扇形的方法把整个背景墙呈现一个立体的展示效果，从各个面看上去都是一副完整的画，我们小组的标志就印在正前面，背景的周围用主题海报围成一个半弧形的格局，至于准确的难易程度我们还不能估量，后来又改为折叠式的背景设计，也是将背景折叠在左中右三个面，这样能给人们在视觉上带来很精美的效果。但是考虑到折叠面的图形很难掌握，思君又提议改干脆将折叠面改为每个单独独立的横截面，不做折叠型直接就用很多个横截面来啦成整个画面，虽然这种方式很有新意，但是这个工程复杂到我们都难以想象。我们后来又提出了一个马赛克似的那种墙面，用无数个立体小方块。层次不齐的排列出图案的外形，都是比较新鲜的视觉传达方式，但是对于如此缺乏展示经验的我们来说简直是困难重重。我们把今天所想到的几种方式在会议记录中都记下来了，计划找一天去跟老师交流交流。

这次会议地点转战到了男生宿舍，感觉还是很奇特的……

我们在男生宿舍展开了激烈的讨论，大家都很投入。

(b)

图 4. 21

前进的路是坎坷的，多番议会综合讨论

心情：开心，愉快

第七次会议：

出席人：陈青青 朱琦 周思军 吴巍

时间：2010年5月12日

地点：蔬果水吧

会议内容：

眼看着我们毕业设计正在火热的进行中，而我们当中的一位伟大的人物吴巍同学因为工作的原因，已经有一段时间没有来参毕业设计会议了。我们这个团队少了他怎么能行，他可是我们团队的精神人物，少了他我么就少了很多热情和欢乐了。今天我们也好不容易把他叫回来了。这次回来我们肯定是要好好利用这段时间做点事的。

为了能让他快快进入毕业设计的状态，我们都带了我们平时随身携带的毕业设计记录本，把我们这么久以来的发展历程都细细地跟他解释了，他也听得很认真（不知道是真认真还是假装的），他对我们的过程表现出了一个后来者完全正确的姿态，那就是全力支持。呵呵----当然，目前除了身心上的支持已经不完全了，因为马上就要考虑到制作的经济问题，初步估算的情况下我们决定先一共投入1000块，最后夺得就一起吃个解散饭，少了就再补吧！

这个水吧好几次我们开会的时候都会选在这里，因为这个地方够清静，而且还可以喝东西。在适合不过了，更加适合今天逮到小·巍公子哥，那还不得松松口袋犒犒劳劳大家这么久的艰辛劳动啊。••••••

借得一本正经的样子，连他是真明白还是假明白，也不知

22

(a)

前进的路是坎坷的，多番议会综合讨论

心情：HIGH到不行 ••••••

第八次会议：

出席人：陈青青 朱琦 周思军 吴巍

时间：2010年5月15日

地点：校园内

会议内容：

这次的会议绝对是非正式的，呵呵，经过了一段绞尽脑汁且漫长过程的磨合，终于能在今天淋漓尽致的"发泄"出来了，呵呵，先别误会，并不是对辛苦做毕业设计的报复，只是能对之前的工作做个整合了，这一连串的情节上演，总得留下些证据去验证我们的整个过程吧，所以，早早的就越好了中百超市门口见，前提是必须穿着整洁，精神焕发的出现，不能没得留念，嘿嘿！天开始下起雨来，真是天公作美啊，为什么这么说呢？请看后续报道••••••

展开我们的主题，讨论一下总体还是以设计幽默感为主，这时，也以幽默风趣著称的四脚猫组就该拿出看家本领的时候了，这不？吴巍同学面对这一整版面的涂鸦一抬腿便扑了上去，完全不顾及路人的不友善眼光，不过瘾的他反身面对这镜头就来了个特写（Ps:奥特曼经典造型）。

在一个和谐气氛下转移到了另一个重要场地工程技术学院操场，由于是周末的原因，操场上的人寥寥无几，天依然下着雨，越发显的安静，这场面只能用"大眼看细眼"来形容了，这挺好，正是我们所希望的，可以很敞亮的做一些丢人的动作了，呵呵。

在拍照之前，我们小·组成员先是讨论过然后确定方向的，觉得照几组有情节故事的照片很是独特，不像普遍的照片那样呆板。从一个动态的预备起跑再冲向终点的一连串情景，一致通过之后说跑就跑了，这时雨越下越大，蹲在起跑线上冒着雨的看着前方，各就各位预备跑这个过程并不是想象中的那么容易，每个环节都NG了很多次，但是不知怎的，越跑越上道了，过瘾的不行，苦中作乐很是贴切现在的场景吧。

这还只是花絮啊，精彩在后面呢！

23

(b)

图4.22

(a)

心情：纠结，很纠结

老师的镜头感还蛮镇的。。。

经过了一个月的苦苦煎熬，我们的海报已经基本完成了七组。而且与此同时小组的宣传册也正在进行中，基本格调都已经出来了。但是我们慢慢发现，越做越不知道自己在做什么，我们也越来越焦躁，越来越拿不定主意了。于是经过小组的协商，我们决定一起去找找老师看看我们的问题到底处在在了哪里。还是我们自己深陷其中反而忽略了问题的关键。

这一天我们找了黄老师好多次，一直到晚上8点多了老师的电话都打不通或者是没人接。这可把我们给搞郁闷了，又急又乱的。到最后我们干脆放弃去找他都洗了澡准备不出去了的，这个时候老师却打电话过来了，于是我们又相约一起去老师的宿舍找他。带上我们已经做好了的一部分东西去了老师的宿舍。

黄老师看上去也有点疲惫了，估计白天也忙坏了吧。闲话没多说我们就直接奔向主题

了。老师看了我们的海报觉得还不错，又看了我做的册子，也很好。但是这里就有一个大问题那就是，我们分开做东西的时候就很容易出现风格迥异，表现不统一等问题。仔细想想也是那么回事，大家对主题的理解都有自己的立场，但是考虑到我们是以海报为主，整个体系的风格都应该与海报的风格统一，最终老师还是劝我忍痛割爱，把这个风格放弃，重新全部根据海报的风格再来设计一套。

要我放弃我真的不甘心，老师也看得出我这套设计是花了很多功夫的，而且我也很舍不得，于是也帮我想办法保留，最后决定作为小组的单独宣传的板块放在毕业设计的过程册里面。然后黄老师还帮我们想了一系列的主题扩展的内容，这一下子我们又要有得忙了。

(b)

图 4.23

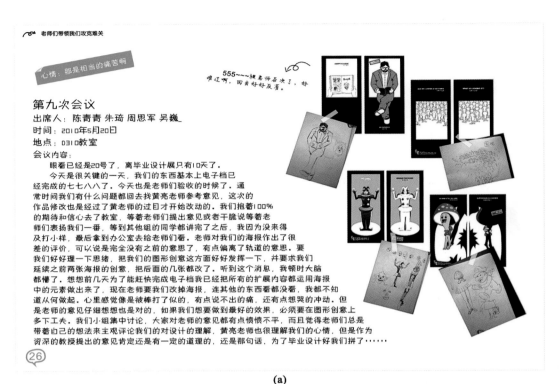

(a)

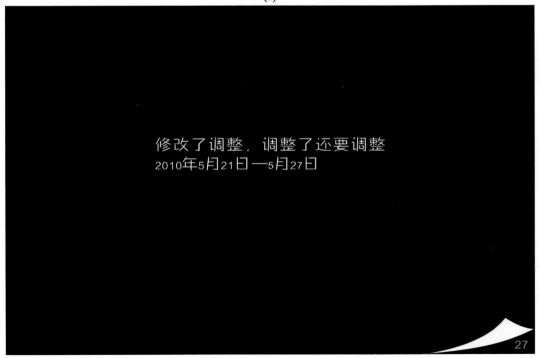

(b)

图 4.24

修改了调整，调整了还调整

第十次会议

出席人：陈青青 朱琦 周思军
时间：2010年5月24日
地点：校园大操场

心情：忙碌而又充实

会议内容：

就在再次感觉迷茫后，我们小组又找到黄老师，看能不能给我们做最后的修改和定稿，老师在我们的小样陈品上说了我们作品哪些可以修改的地方，要求每张都变的有意思，就得每张都有互动性，最好都有镂空的部分，可是我怎么总觉得有种应付完事的感觉。大致修改完之后就随老师来到教学楼找管毕业展场地的一个老师，和黄老师分析怎样去划分场地，为了我们班的场地划分，和张老师也是争论许久，不过好像没有多大的作用，我们场地基本定下……既来之刚安之吧。

为展区的事情喋喋不休了很久，最终我们把目标地放在了我们垂涎许久的精品展区。我们问了老师我们目前的状况能不能够资格进精品区，老师说会尽量争取，但老实说还不够。其实我们心里也基本有底。虽说有点沮丧，但是也给我们很大的动力。连一向不愿意该海报的周思军也变得激动了起来。他也决定好好把海报改一下。

量完场地之后我们小组又回到我们的作品发愁呢，临时开了个紧急会议，讨论一下接下来的工作流程和展示效果，商量着是否能把海报重新返工，可这是个大工程，担心着最后能不能按时间完成，而且马上要着手做展示的框架，时间迫在眉睫，又到了分工的环节，周思军继续做海报的修改，除了两张的保留，其余的都被fire掉了，而我两个女生便负责框架的材料和海报宣传的延展，吴巍就跑市场和最后打印工分，此已是11点了，我们趁着宿舍楼还没有关门前回到了寝室……又是一个忙碌的一天。……

(28)

(a)

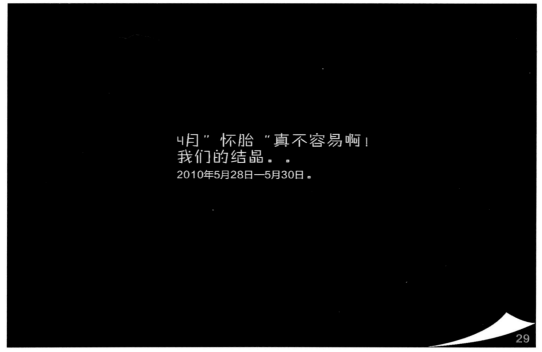

4月"怀胎"真不容易啊！
我们的结晶。。
2010年5月28日—5月30日。

29

(b)

图 4.25

我们的结晶

心情：焦急又忙碌

到现在为止我们的作品基本上已经修改过了，最后的几天时间里，大家都忙得晕头转向了。海报我们也根据自己的能力尽可能的做了修改，也排除掉了一些以前不太好的几组海报。我们的过程册也在紧跟着我们的进度一点点在完善。所有的工作除了布置现场也已经搞的八九不离十了。

接下来就是我们的海报展示的问题了。经过我们的几次会议商量，我们最后还是采用了郑翠仙老师给我们建议的用木框做展示，一个框展示海报连接一个空框充实展示效果，整个就是一个折叠的屏风的展示效果。老师还说为了给参观的人提供方便，我们最好能把框子做到人可以方便的从框内行走，这样视觉效果也比较强烈。遵循着这个路线我们第一件要做的事就是去找人做木框。我们跑遍了学校周边的家具加工厂和木材回收厂，也算是峰回路转费了好大的力气也白花了一些冤枉钱，最后才把母矿的事情给定下来。接着我们两组人分头行动，一边负责粉刷木框装饰展位，一边负责海报以及其他东西的打印，两边都忙得不可开交。

预展的前一天，我们早早就起来进了展区布置展台，展区的空间原本还算大，可把我们做好的框子往里面放了之后，就显得很拥挤，已经没有什么空余的地方再做别的展示了。不管那么多了，先把海报搞出来再说吧，这可是和巨大的工程，一时半会的功夫，就凭我们这三两下子根本不可能弄得完的，这可麻烦了...

(a)

我们的结晶

眼看着还有这么多得多些没弄完，我们的时间也越来越不够了，这可急坏我们了。情急之下我们决定找帮手来帮忙一起弄。找来了在同个展厅已经忙完的朋友，还打电话叫了一帮研友来给我们帮忙，这下可好多了。大家人多一起分工，我们整个展区就我们这块是人最多最热闹的了。朋友们也真够意思，而且也很认真，眼看着我们那么大的工程一下午的时间居然也被我们忙活完了。基本上最主要的东西今天已经能完成了，看着大家疲惫的样子，又感动又好笑。

这就是我们的毕业设计，茫然、无奈、纠纷、忙碌、焦急、慌乱、疯狂......这些词汇完全足以形容我们整个毕业设计的全过程。我们也不知道结果会怎么样，但是我们认真并且很用心的完成了，我们上交了大学毕业前最后的一份作业。

(b)

图4.26 创作思路

2. 完善画面、寻求方法

　　七组正反矛盾的图形完成后，如何呈现出好的效果呢？寻求合适的展示方式成为学生们完善主题的最大问题。通过无数次的小组讨论，最后大家决定呈现一个大型的装置——折叠的门，通过视觉的引导来展示矛盾的画面。如图 4.27、图 4.28 所示。

图 4.27

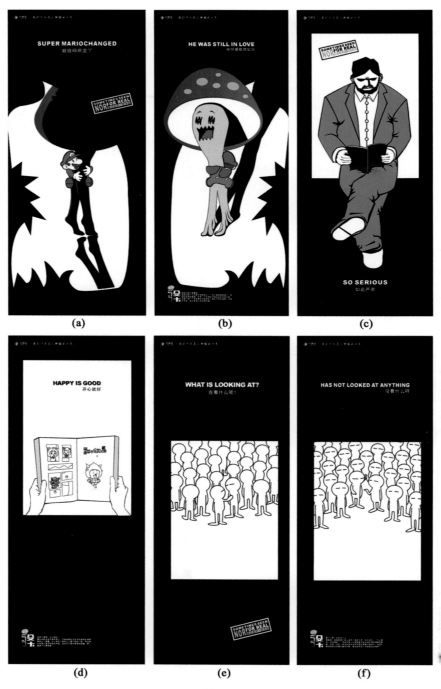

图 4. 28

§4.3　图形的空间混合——"广告否叫卖"主题招贴设计

4.3.1　课题说明

这一课题的表现创意点在于它的视觉表现力，画面通过"空间混合"的构成方式来呈现的。数以百计的方格构成一份完整的画面，无论从视觉还是触觉上都给观众一个突破。

4.3.2　设计过程

1. 紧扣主题、发散思维

"广告否叫卖"主题听起来有些拗口，其主题意思是广告的作用不仅仅是叫卖。围绕这一主题小组成员做了丰富的思维发散，什么是广告？怎样表现"否叫卖"？最后决定采用直觉的表现策略，运用模特表情来表现这一主题。招贴主体图形采用模特拍摄而成。为了增强画面的力度和客观性，小组讨论决定运用空间混合的效果，将数以千计的图片整合成主体模特的形象。

2. 完善画面、寻求方法

最后完成阶段，做了相应调整，数以千计的图形给小组的制作带来了前所未有的麻烦。工作量的庞大和小图的切割困难是大家最大的挑战。但汗水凝结成的空间混合图景也达到了预期的效果。如图 4.29、图 4.30 所示。

(a)　　　　　　　　(b)

图 4.29　招贴成品设计（设计：周思军、陈青青、朱琦，指导：周承君、黄亮、郑翠仙）

图 4. 30   "广告否叫卖"主题招贴设计

附录：学生实践记录（设计：姚润宇、杜伟、邓丽芬   指导教师：欧阳超英、黄亮）
附录中图的标号要重新更正

1   毕业设计之空间混合前的构思

在毕业设计当中我们同样运用了空间混合的表现技法，开始时，我们只是为了获得更好的视觉效果，以这样一种方式来打动欣赏者。后来才发现我们回到了当初学到的空间混合。我们打算用四种表情为元素，来重构四幅表情图，以设计的震撼来打动欣赏作品的每一个人。如图 4. 31 所示。

在这样的情况之下，我们开始了素材的采集和制作方式流程的计划，并选择了方形的照片为空间混合的元素，利用黑、白、灰的强烈对比来完成拼接工作。

这时我们开始了电脑效果图的前期制作，经审定后定稿打印。如图 4. 32 所示。

2   空间混合的制作计划

首先我们的毕业设计是以团队来完成的，在开始制作前我们都需要一个比较完善的计划。小组人员的分工、素材的采集、电脑的制作、再到效果的评估。都是在空间混合前必须做到的。当然需要计划一下制作的时间，按时按量的保证作品的完成。

我们做了相当的前期准备工作，并且拿出了很多不同的制作方案，择优取用。当然在前期我们也遇到了很多的麻烦。空间混合制作的量是非常大的，这就需要一定时间的保证，但是时间紧张，我们需要加班加点的去完成。

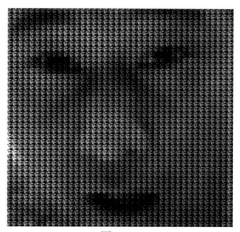

图 4.31

图 4.32

　　我们制作时准备采用先在电脑上制作，然后把表情打印出来裱板，再对裱板进行分割，最后粘贴在另外的展板上，在平面的基础上能够显现出立体的效果。如图 4.33 所示。

　　3　空间混合展板的制作

　　待所有前期准备工作都完成以后，现在我们要开始展板的制作了。

　　从开始的手忙脚乱到有条不紊的"流水线"制作，我们花费了三天的时间才将所有的小色块贴完。等到我们做完的那一刻，心情是那样的轻松，很有成就感。如图 4.34 所示。

图 4.33

图 4.34

　　在制作时，因为小方块的数量特别的多，很容易把顺序都弄乱了。而且我们打印的数量有限，所以在切割时也格外的小心翼翼。我们需要完成基本的小方块的粘贴量是7000～8000 个，很庞大的一个数字。之前在我们的作业中从来没有做过，这对我们来说也是一种挑战。如图 4.35 所示。

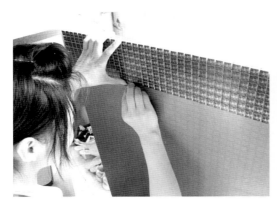

图 4.35

功夫不负有心人，总算是完成了。效果在我们的预料之中，我们都很满意。如图 4.36 所示。

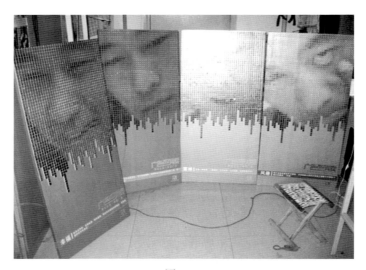

图 4.36

§4.4 图形的同构——"流行"主题招贴设计

4.4.1 课题说明

"流行"是"第五届白金创意平面设计学生作品大赛"（中国美术学院举办）的创意主题。

4.4.2　设计过程

1. 紧扣主题、发散思维

设计者先围绕"流行"进行了"概念放射性训练"。（如图 4.37 所示）经过十几分钟概念放射，上百个关于流行的事、流行的人、什么流行、流行与传统、流行与文化、流行与艺术，……。从流行的词：酷毙了、帅呆了、我靠到流行的食物：麦当劳、百事可乐；从流行的人：四大天王、F4 到流行的服装；从网上 QQ 到手机短信，等等。

然后从丰富的元素中进行筛选，从流行与艺术、流行与传统、流行与文化等方面主题的升华，得到如下几组元素：毛笔头与流行的头发、牛仔洞洞裤与乞丐破裤子、广告牌与华表、鼠标与中国结、牛鼻子与麻花辫、手机与烽火台、苹果与尺子。

2. 完善画面、寻求方法

进入图形表现阶段，按照恰当、巧妙的原则，设计者将以上元素进行结合。

毛笔头与流行的头发，用染过的时尚发型将毛笔的笔头替换。这便是运用元素替代的方式。毛笔是中国民族艺术的象征之一，流行时尚的头发是一种潮流时尚的东西。面对流行的冲击，艺术该何去何从？两者的结合从一个侧面反映了设计者对流行与艺术的思考（如图 4.38 所示，此作品获白金创意优秀奖）。

牛仔洞洞裤与乞丐破裤子，利用元素切割重组的方式来处理这个图形。牛仔洞洞裤是当下流行的产物，与乞丐的破裤子相似。将两者结合表现，反映设计者对流行一种价值观、审美观的一种思考（如图 4.39 所示）。

广告牌与华表，我将两者进行了同构表现。广告牌往往传播着流行，华表则象征着中华文化。写满流行事物的广告牌与华表的结合用以表现设计者对流行文化与民族文化的思考（如图 4.40 所示）。

鼠标与中国结，由鼠标马上联想到电脑技术的发展，流行网络的进步，网络已经逐渐成为现代人感情交流的纽带。中国结是中华民族情结的象征。二者的同构升华出流行与文化这一主题（如图 4.41 所示）。

手机与烽火台，用元素替代的方式，将手机的天线替代成烽火台。手机现代时尚流行的传递信息的工具。烽火台是古代用于传递重要军事情况的，二者结合，展示了流行的变迁（如图 4.42 所示）。

牛鼻子与麻花辫，我选择用元素替代的方式表现，将系牛鼻子的缰绳替换成了麻花辫。麻花辫牵着牛前行，此牛行与彼流行谐音产生趣味性、幽默感，幽默过后又将人们带如被流行牵着走的感受之中（如图 4.43 所示）。

苹果与尺子，我是用同构的方式表现这一主题的。用苹果"瘦身"的痛苦来引喻时尚的减肥带给人们的感受。升华主题——流行带给大家美的同时还留下了什么的思考（如图 4.44 所示）。

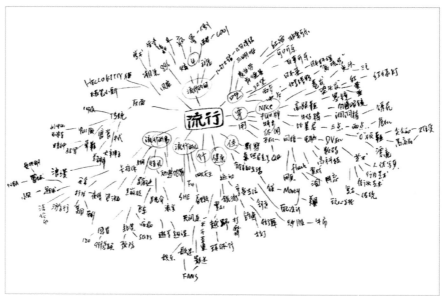

(a)命题概念：流行（文字搭架）

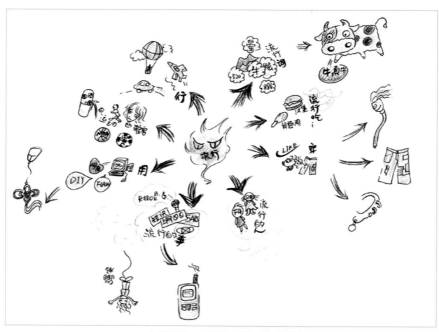

(b)命题概念：流行（第二次重构）

图4.37　概念放射性训练

图 4.38　流行与艺术的思考（黄亮）

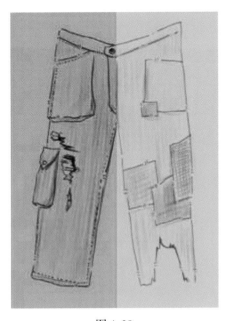

图 4.39

图 4.40　广告牌与华表

图 4.41　鼠标与中国结

图 4.42　手机与烽火台

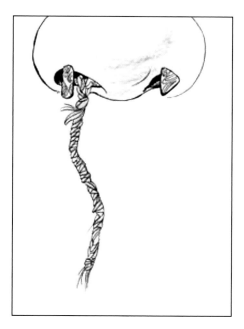

图 4.43　牛鼻子与麻花辫

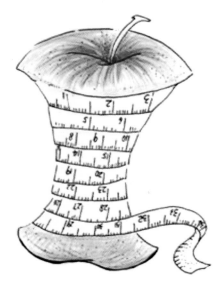

图 4.44　苹果与尺子

§4.5　图形的叠加——"甩、扔、弹、丢"主题招贴设计

4.5.1　课题说明

"甩、扔、弹、丢"主题招贴设计是一个反映环保与文明行为的主题。设计者是采用图形叠加的表现方式来呈现的。如图 4.45 所示。

4.5.2　设计过程

1. 紧扣主题、发散思维

围绕"环保和文明行为"展开思维的发散和联想是创作设计的第一步骤，在思维发散的过程中"不文明的现象"的画面一个个的浮现出来，特别是乱扔、乱丢的现象尤为普遍。作者最后将创意锁定在表现乱扔果皮、电池、烟头等行为上。发散出相应的图形符号比如香蕉皮、苹果核、烟头和电池。为了表现不文明行为导致的后果，作者又联想到了一些战斗机、地雷、导弹、手榴弹等元素。

2. 完善画面、寻求方法

在图形的表现上，作者采用图形叠加的方式。将手绘图形叠加在写实的照片上，通过外形的相似来表现元素与元素之间的联系，巧妙地将水果皮和战斗机、苹果核与地雷、烟头与导弹、炸弹与电池结合起来。

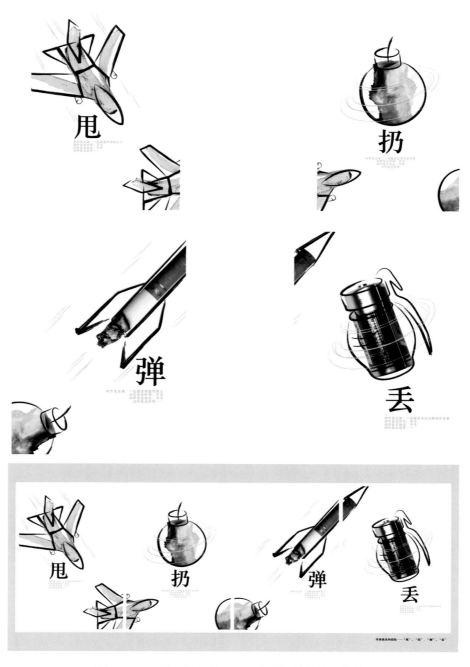

图4.45 "甩、扔、弹、丢"主题招贴设计（黄亮）

第 5 章　优秀作品欣赏

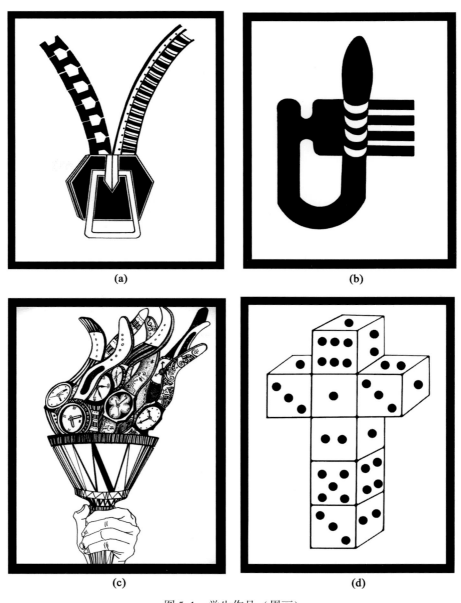

(a)　　　　　　　　(b)

(c)　　　　　　　　(d)

图 5.1　学生作品（周丽）

(a)

(b)

(c)

(d)

图 5.2　学生作品（周丽）

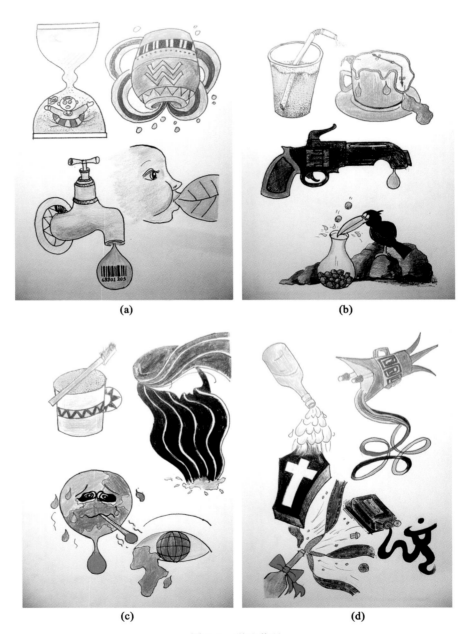

(a)　　　　　　　　　　(b)

(c)　　　　　　　　　　(d)

图 5.3　学生作品

图 5.4　学生作品

图 5.5　学生作品

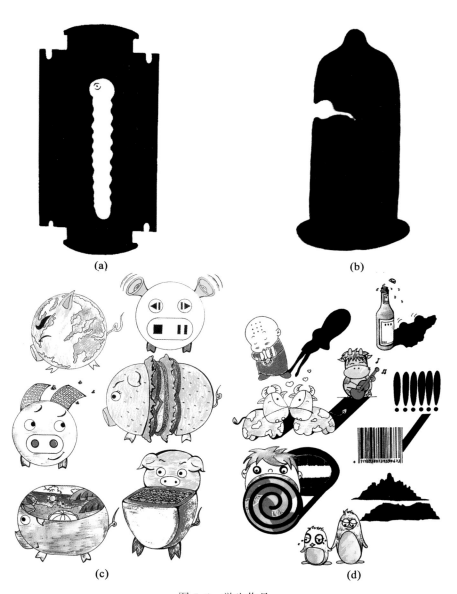

图 5.6　学生作品

图 5.7　学生作品

参 考 文 献

［1］刘佳、杨旭、马莉、向杨茜著. 图形创意基础教程. 南宁：广西美术出版社，2009.

［2］高亮主编. 图形创意. 郑州：郑州大学出版社，2009.

［3］赵天蔚、杨晓艺、张晓明编著. 图形与创意. 沈阳：辽宁美术出版社，2007.

［4］邬烈炎著. 视觉体验. 南京：江苏美术出版社，2008.

［5］胡川妮编著. 广告创意表现. 北京：中国人民大学出版社，2003.

［6］张丽、李伟主编. 创意图形与创意思维. 长沙：湖南美术出版社，2003.

［7］马泉著. 广告图形创意. 武汉：湖北美术出版社，2003.

［8］林家阳编著. 林家阳的设计视野——设计创新与教育. 上海：生活．读书．新知三联书店，2002.

［9］杨志麟编著. 设计创意. 南京：东南大学出版社，2002.

［10］刘茜莉著. 现代图形设计. 西安：陕西人民出版社，2002.

［11］尹定邦. 图形与意义. 长沙：湖南科学技术出版社，2001.

［12］Jim Aitchinson ［澳］著，臧恒佳、杨翌昀等译. 卓越广告. 昆明：云南大学出版社，2001.

［13］林家阳著. 图形创意. 哈尔滨：黑龙江美术出版社，1999.

［14］欧阳超英、黄亮、胡凡编著. 标志·VI 设计教程. 武汉：武汉理工大学出版社，2011.

［15］朝仓直己编著. 艺术设计的平面构成. 上海：上海人民美术出版社，1998.

［16］刘斯荣、唐丽雅、郑翠仙、李昕编著. 形态构成设计. 武汉：武汉大学出版社，2011.